尼康 Z8/Z9
摄影及视频拍摄技巧大全

雷波◎编著

化学工业出版社

·北京·

内 容 简 介

本书讲解了尼康Z8微单相机强大的菜单、曝光功能及拍摄各类摄影题材的实用技巧等。按本书讲解的顺序，读者可以先了解相机结构、菜单，接着学习曝光功能、器材使用等方面的知识，最后学习视频拍摄技法及各类题材拍摄技巧，即可迅速上手尼康Z8微单相机。

随着短视频和直播平台的发展，越来越多的读者开始使用微单相机录视频、做直播，因此本书专门通过4章内容来讲解拍摄短视频需要的器材、镜头运用方式、使用尼康Z8微单相机拍摄视频的基本操作与菜单设置，读者学习这些内容后即可拍摄出符合各平台要求的视频。

本书不仅适合使用尼康Z8相机的摄影爱好者自学，由于尼康Z9相机与Z8相机的功能相似，菜单基本相同，因此也适用于使用尼康Z9相机的摄影爱好者阅读学习，还可以作为开设了摄影、摄像相关专业的大中专院校当作教材使用。

图书在版编目（CIP）数据

尼康Z8/Z9摄影及视频拍摄技巧大全 / 雷波编著 . —北京：
化学工业出版社，2024.3
ISBN 978-7-122-44627-5

Ⅰ.①尼… Ⅱ.①雷… Ⅲ.①数字照相机—单镜头反光照相机—摄影技术 Ⅳ.① TB86 ② J41

中国国家版本馆 CIP 数据核字（2024）第 000366 号

责任编辑：王婷婷　孙　炜　　　　　　　　　封面设计：异一设计
责任校对：宋　玮　　　　　　　　　　　　　装帧设计：盟诺文化

出版发行：化学工业出版社（北京市东城区青年湖南街13号　邮政编码100011）
印　　装：北京宝隆世纪印刷有限公司
710mm×1000mm　1/16　印张13　字数305千字　2024年3月北京第1版第1次印刷

购书咨询：010-64518888　　　　　　　　　　售后服务：010-64518899
网　　址：http://www.cip.com.cn
凡购买本书，如有缺损质量问题，本社销售中心负责调换。

定　　价：99.00元

前　言

本书是一本全面解析尼康Z8强大功能、实拍设置技巧及各类题材实拍技法的实用书籍，通过实拍测试及精美照片示例，将官方手册中没讲清楚或没讲到的内容，以及抽象的功能，形象地展现出来。

在相机功能及拍摄参数设置方面，本书不仅针对尼康Z8相机的结构、菜单，以及光圈、快门速度、白平衡、感光度、曝光补偿、测光、对焦、拍摄模式等设置技巧进行了详细的讲解，更附有详细的菜单操作图示，即使是没有任何摄影基础的初学者也能够看懂并学会使用。

在视频拍摄方面，本书讲解了保持相机稳定的设备和技巧、存储设备、采音设备、灯光设备，以及录制参数设置、录制视频的基本操作方法、运镜方式、常用的镜头术语、分镜头脚本等。相信读者在学习完这些内容以后，使用尼康Z8相机拍摄出漂亮的视频将变得轻而易举。

在镜头与附件方面，本书针对数款适合该相机使用的高素质镜头进行了详细点评。同时，对常用附件的功能、使用技巧进行了深入解析，以方便各位读者有选择地购买相关镜头及附件，与尼康Z8相机配合使用，拍摄出更漂亮的照片及视频。

在实战技术方面，本书通过展示大量精美的实拍照片，深入剖析了使用尼康Z8相机拍摄人像、风光、动物、建筑等常见题材的技巧，以便读者快速提高摄影水平。

受篇幅限制，本书讲解实战拍摄技法部分的内容，请按下面的方法操作获得：关注"好机友摄影视频拍摄与AIGC"公众号，在公众号界面回复"Z8"即可获得PDF文件，此文件可在计算机和手机上阅读学习。

经验与解决方案是本书的亮点之一。本书精选了摄影师总结出来的关于尼康Z8相机的使用经验及拍摄技巧，相信它们一定能够让广大摄影爱好者少走弯路，感觉身边时刻有"高手点拨"。

此外，本书还汇总了摄影爱好者初上手使用尼康Z8相机时可能遇到的一些问题，以及问题出现的原因和解决方法，相信能够解决许多摄影爱好者遇到相机操作问题时求助无门的苦恼。

由于尼康Z9相机与尼康Z8相机的功能相似，菜单操作相同，菜单选项基本相同，因此本书也适用于使用尼康Z9相机的用户阅读学习。

为了帮助大家快速掌握相机的使用，本书将附赠35节相机讲解视频课程，获得方法为关注"好机友摄影视频拍摄与AIGC"公众号，在公众号界面回复本书第141页的最后一个字即可。

为了方便交流与沟通，欢迎读者朋友添加我们的客服微信hjysysp，与我们在线交流，也可以加入摄影交流QQ群（528056413），与众多喜爱摄影的小伙伴交流。

如果希望每日接收新鲜、实用的摄影技巧，可以关注我们的微信公众号"好机友摄影视频拍摄与AIGC"；或在今日头条搜索"好机友摄影""北极光摄影"，在百度App中搜索"好机友摄影课堂""北极光摄影"，以关注我们的头条号、百家号；在抖音搜索"好机友摄影""北极光摄影"，关注我们的抖音号。

编　者

2024年1月

目　录
CONTENTS

第4章 拍出佳片必须掌握的高级曝光技巧

第5章 镜头推荐及相关理论学习

第 6 章 选择合适的附件为照片增色

第 7 章 拍摄视频需要准备的硬件

第 8 章 拍视频必学的镜头语言与分镜头脚本撰写方法

第 9 章 视频拍摄流程及相关功能

第 10 章 口播、美食、VLOG 等常见视频类型实战拍摄方法

赠送PDF电子书目录

第 1 章　尼康 Z8 人像摄影技巧

正确测光使人物皮肤更细腻

用大光圈拍出背景虚化的人像

拍摄视觉效果强烈的人像

用"S"形构图表现女性柔美的身体曲线

　Q 在树荫下拍摄人像时怎样还原出正常的肤色？

用三分法构图拍摄完美人像

用侧逆光拍出唯美人像

逆光拍摄塑造剪影效果

使用道具营造人像照片的氛围

以中间调记录真实自然的人像

高调风格适合表现艺术化人像

低调风格适合表现个性化人像

为人物补充眼神光

　　利用反光板制造眼神光

　　利用窗户光制造眼神光

　　利用闪光灯制造眼神光

用合适的对焦模式确保画面的清晰度

禁用闪光灯以保护儿童的眼睛

利用特写记录儿童丰富的面部表情

增加曝光补偿表现娇嫩的肌肤

第 1 章
全面认识相机各按钮与部件

正面结构

❶ Fn2功能按钮

在默认设置下，按下此按钮同时转动主指令拨盘，可以设置图像区域。在"自定义控制"菜单中可以为其指定其他功能

❷ Fn1功能按钮

在默认设置下，按下此按钮可以选择拍摄菜单库。在"自定义控制"菜单中可以为其指定其他功能

❸ 副指令拨盘

通过旋转副指令拨盘可以改变光圈。当与其他按钮组合使用时，可以更改相机的设定，如选择色温数值、选择对焦区域模式等。

❹ 快门释放按钮

半按快门可以开启相机的自动对焦及测光系统，完全按下时即可完成拍摄。当相机处于省电状态时，轻按快门可以恢复工作状态

❺ AF辅助照明器

在弱光环境下拍摄时，若开启AF辅助照明功能，此灯会持续发出自动对焦辅助光，以辅助自动对焦

❻ CPU接点

通过CPU接点，相机可以识别CPU镜头（特别是G型和D型）

❼ 影像传感器

影像传感器捕捉拍摄场景中的光线与色彩，然后形成图像显示在显示屏上

❽ 镜头安装标志

将镜头上的白色标志与机身上的白色标志对齐，旋转镜头，即可完成镜头的安装

❾ 镜头卡口

相机采用Z卡口，可安装尼康Z系列镜头

❿ 遥控端子

用于安装MC-22/MC-22A遥控线、MC-30/MC-30A遥控线，从而遥控相机进行自动拍摄

⓫ 镜头释放按钮

用于拆卸镜头，按下此按钮并旋转镜头的镜筒，可以把镜头从机身上取下来

顶部结构

❶ MODE按钮

按住此按钮同时旋转主指令拨盘，即可选择不同的拍摄模式

❷ 释放模式按钮

按住此按钮同时旋转主指令拨盘，可以选择不同的释放模式

❸ BKT按钮

按住此按钮同时旋转主指令拨盘，可以选择包围序列中的拍摄张数，按住此按钮同时旋转副指令拨盘，可以选择曝光增量

❹ WB按钮

按住此按钮同时旋转主指令拨盘，可以选择白平衡模式，在手选色温白平衡模式下，按住此按钮同时旋转副指令拨盘，可以选择色温值

❺ 热靴

用于外接闪光灯，热靴上的触点正好与外接闪光灯上的触点相合。也可以外接无线同步器，在有影室灯的情况下起引闪的作用

❻ 控制面板

可以查看曝光参数、释放模式、对焦模式、对焦

区域模式、电池电量及剩余可拍摄张数等常用拍摄信息

❼ 视频录制按钮

按下视频录制按钮将开始录制视频，显示屏中会显示录制指示及可用录制时间。当录制完成后，再次按下此按钮将结束录制

❽ 电源开关

用于控制相机的开启及关闭

❾ ISO感光度按钮

按住此按钮并旋转主指令拨盘，可以调整 ISO 感光度

❿ 曝光补偿按钮

按住此按钮并旋转主指令拨盘，可以调整曝光补偿

⓫ 扬声器

用于播放声音

⓬ 屈光度调节控制器

对于视力不好又不想戴眼镜拍摄的用户，可以通过调整屈光度，以便在取景器中看到清晰的影像

背面结构

❶ 保护按钮/Fn3按钮

在播放照片时，按下此按钮可以保护当前所选的照片，再次按下此按钮可以取消保护；在默认设置下，按下Fn3按钮同时旋转主指令拨盘，可以选择优化校准

❷ 删除按钮

在查看照片时按下该按钮，屏幕中将显示一个确认对话框，再次按下此按钮可删除照片并返回播放状态

❸ 接目器释放按钮

按住此按钮并逆时针旋转接目镜罩，即可将其取下

❹ 取景器

在拍摄时，通过观察取景器中的景物可以进行取景构图

❺ 眼感应

可以感应到人眼观看取景器的动作，当感应到人眼靠近取景器观看时，取景方式会自动切换到取景器，若人眼离远取景器，则会切换到显示屏上显示

❻ 显示屏

使用显示屏可以取景构图、设定菜单、播放照片和短片。此显示屏可以水平和竖直翻折，让拍摄更灵活。此外，此显示屏还可以触摸操作，通过滑动或点击的方式来播放照片或设定菜单

❼ DISP按钮

在拍摄状态或播放照片模式下，每按一次此按钮，就切换一次信息显示

❽ 照片/视频选择器

将其拨至 ◻，可以进入照片拍摄模式；将其拨至 ▀◣，可以进入视频拍摄模式

❾ AF-ON按钮

在照片或视频拍摄模式下，按下AF-ON按钮可以进行自动对焦

❿ 主指令拨盘

旋转主指令拨盘可以在拍摄时调整快门速度，或者在播放时选择照片；当与其他按钮组合使用时，可以更改相机的设定，如设置白平衡、感光度、曝光补偿等

⓫ 副选择器

在拍摄时，向上、下、左、右拨动副选择器可以选择自动对焦点，

按下副选择器中央则可以锁定曝光与对焦。除此之外，还可以通过"自定义控制"菜单为其指定其他功能

⑫ i按钮

在照片拍摄和视频拍摄模式下，按下此按钮可显示常用设定界面，可以快速地修改常用菜单功能；在播放照片过程中，按下此按钮将显示与播放有关的功能

⑬ OK（确定）按钮

用于选择菜单命令或确认当前的设置

⑭ 多重选择器

用于选择菜单命令和浏览照片等

⑮ MENU菜单按钮

按下此按钮后可显示相机的菜单

⑯ 播放按钮

按下此按钮，可查看照片

⑰ 帮助/缩略图/缩小播放按钮

在操作菜单时，如果屏幕最下方显示问号图标，可以按下此按钮查看当前所选项或菜单的说明；在回放照片时，按下此按钮可以显示缩略图或缩小照片的显示比例

⑱ 放大播放按钮

在查看已拍摄的照片时，按下此按钮可以放大照片以观察其局部

侧面结构

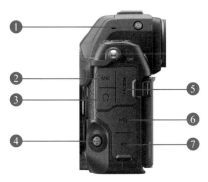
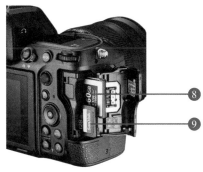

❶ 显示屏模式按钮

按下此按钮可循环切换取景器显示和显示屏显示

❷ 外置麦克风接口

用来连接麦克风

❸ 耳机接口

用来连接耳机

❹ 对焦模式按钮

按住此按钮并同时旋转主指令拨盘，可以选择对焦模式，按住此

按钮并同时旋转副指令拨盘，可以选择对焦区域模式

❺ HDMI接口

使用另购的高清晰度多媒体接口线（HDMI）或C型HDMI连接线，可用来将相机连接至高清视频设备上

❻ USB数据传输接口

利用USB连接线可将相机与计算机连接起来，以便在计算机上查看图像

❼ USB供电接口

使用另购的 UC-E25 USB 连接线连接相机与另购的电源适配器或计算机，可以为相机供电

❽ 存储卡插槽1

可以安装1张CFexpress卡或XQD存储卡

❾ 存储卡插槽2

可以安装1张SD卡

速控屏幕参数

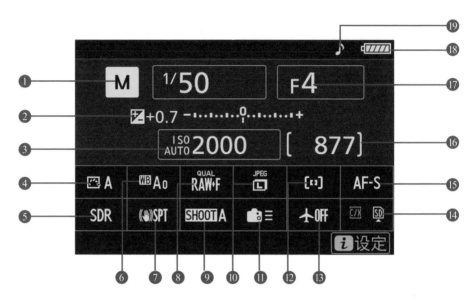

❶ 拍摄模式
❷ 曝光补偿
❸ ISO感光度
❹ 优化校准
❺ 色调模式
❻ 白平衡
❼ 减震

❽ 图像品质
❾ 拍摄菜单库
❿ 图像尺寸
⓫ 自定义控制
⓬ AF区域模式/拍摄对象侦测
⓭ 飞行模式

⓮ 查看存储卡信息
⓯ 对焦模式
⓰ 剩余可拍摄张数
⓱ 光圈值
⓲ 电池电量指示
⓳ 蜂鸣音

控制面板

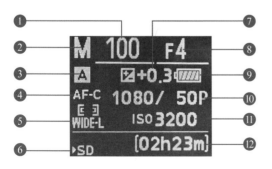

❶ 快门速度
❷ 拍摄模式
❸ 拍摄菜单库
❹ 对焦模式
❺ 对焦区域模式
❻ 存储卡指示

❼ 曝光补偿
❽ 光圈值
❾ 电池电量指示
❿ 画面尺寸和帧频
⓫ ISO感光度
⓬ 可用录制时间

显示屏参数

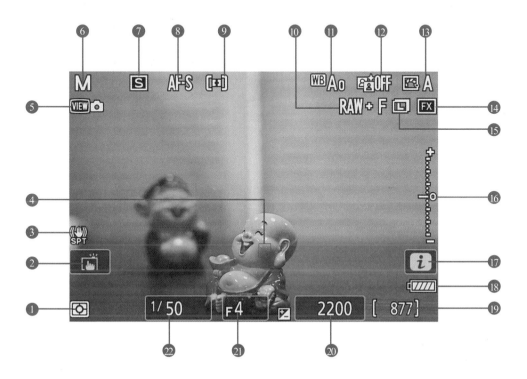

① 测光模式	⑨ 对焦区域模式	⑰ i图标
② 触控拍摄	⑩ 图像品质	⑱ 电池电量指示
③ 减震指示	⑪ 白平衡	⑲ 剩余可拍摄张数
④ 对焦点	⑫ 动态D-Lighting	⑳ ISO感光度
⑤ 查看模式	⑬ 优化校准	㉑ 光圈值
⑥ 拍摄模式	⑭ 图像区域	㉒ 快门速度
⑦ 释放模式	⑮ 图像尺寸	
⑧ 对焦模式	⑯ 曝光指示	

第 2 章

初上手一定要学会的菜单
设置方法

菜单的使用方法

尼康 Z8 的菜单功能非常强大,熟练掌握菜单相关的操作,可以帮助我们进行更快速、准确的设置。下面先来介绍一下机身上与菜单设置相关的功能按钮。

● **多重选择器**

用于选择菜单命令。按下◀或▶方向键还可以在子菜单与上级菜单之间进行切换

● **菜单按钮**

按下此按钮即可在显示屏中显示菜单项目

● **OK按钮**

用于选择菜单命令或确认当前的设置

● **帮助按钮**

在选择各个菜单命令时,按下此按钮可以查看基本的功能介绍

使用菜单时,可以先按下 MENU 按钮,在显示屏中就会显示相应的菜单项目。显示屏左侧从上到下有 8 个图标,代表 8 个菜单项目,依次为照片拍摄🄰、视频拍摄🎬、自定义设定✎、播放▶、设定🔧、网络⑩、我的菜单➡或最近的设定🕐,以及最底部的问号图标(即帮助图标)。当问号图标出现时,表明有帮助信息,此时可以按下帮助按钮进行查看。

菜单的基本使用方法如下。

❶ 要在各个菜单项之间进行切换,可以按下◀方向键切换至左侧的图标栏,再按下▲或▼方向键进行选择。

❷ 在左侧选择一个菜单项目后,按下▶方向键可进入下一级菜单中,然后可按下▲和▼方向键选择其中的子菜单命令。

❸ 选择一个子菜单命令后,再次按下▶方向键进入其参数设置页面,可以使用主指令拨盘、多重选择器等在其中进行参数设置。

❹ 参数设置完毕后,按下OK按钮即可确定参数设置。如果按下◀方向键,则返回上一级菜单,并且不保存当前的参数设置。

由于尼康 Z8 相机的液晶显示屏是可触摸操作的,所以在使用菜单时,也可以通过点击屏幕进行操作。

⬇ 设定步骤

❶ 在左侧菜单图标栏中点击所需的图标

❷ 点击要修改的菜单项目

❸ 点击所需的选项

在显示屏中设置常用参数

　　尼康 Z8 作为全画幅数码微单相机，除了可以在控制面板（即肩屏）中进行常用参数设置，在显示屏（即相机背面的液晶显示屏）中也提供了参数设置功能。

　　在拍摄模式下，按下 *i* 按钮便可以进入常用菜单设定界面，在其中可以进行优化校准、图像品质、AF 区域模式、白平衡模式、测光模式及对焦模式等常用功能的设置。

　　而在视频拍摄、播放照片模式下，按下 *i* 按钮也会显示与视频或播放相关的常用菜单。

▲ 当屏幕实时显示图像时，按下 *i* 按钮显示的常用菜单设定界面

▲ 在信息显示状态，按下 *i* 按钮显示的常用菜单设定界面

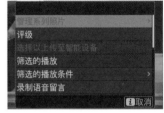

▲ 在播放照片模式下，按下 *i* 按钮显示的常用菜单设定界面

　　下面讲解在常用设定界面中设置所需参数的步骤。

❶ 按下 *i* 按钮以显示常用菜单设定界面。

❷ 使用多重选择器选择要设置的拍摄参数。

❸ 转动主指令拨盘选择一个选项，若存在子选项，则转动副指令拨盘进行选择。然后按下 OK 按钮确定。

❹ 也可以在步骤❷的基础上，按下 OK 按钮进入该拍摄参数的具体设置界面。

❺ 按下 ◀和▶方向键选择所需的参数，然后按下 OK 按钮返回初始界面。

　　如果使用触摸的方式操作，可以在显示屏拍摄信息处于激活状态下，点击屏幕上的 **i设定** 图标进入常用菜单设定界面，然后通过点击的方式进行选择操作。

选择取景模式

　　使用尼康 Z8 相机既可以通过显示屏取景拍摄，也可以通过电子取景器进行取景拍摄，用户可以根据自己的拍摄习惯来选择取景模式。通过按下相机顶部侧面的显示屏模式按钮，可以按照自动显示开关→仅取景器→仅显示屏→优先考虑取景器顺序循环切换显示模式。

▲ 显示屏模式按钮

　　● 自动显示开关: 当相机的眼感应器感应到眼睛靠近取景器时，会在取景器中显示参数和图像，当感应到眼睛离开取景器时，则在显示屏中显示参数和图像。

　　● 仅取景器: 在取景器中除了显示图像和参数，当进行菜单设置和播放操作时，这些信息也显示在取景器中，而显示屏则是空白的，此模式适合在剩余电量较少时使用。

　　● 仅显示屏: 将在显示屏中进行取景拍摄、菜单设定和播放操作。即使将眼睛靠近取景器，取景器也不会显示相关内容。

　　● 优先考虑取景器（1）: 此模式与单反相机类似。在照片拍摄模式下，当眼睛靠近取景器时会开启取景器显示模式，而当眼睛离开取景器时会关闭取景器显示状态，显示屏并不会显示相关内容。而在视频拍摄模式下，按照"自动显示开关"模式运行。

　　● 优先考虑取景器（2）: 在照片拍摄模式下，当眼睛靠近取景器观看、照相机开启、半按快门释放按钮或按下 AF-ON 按钮后几秒钟内，取景器均会开启。在视频模式下，也是按照"自动显示开关"模式运行的。

　　如果想要减少取景方式的数量，可以通过"限制显示屏模式选择"菜单勾选想要保留的模式，以简化按下显示屏模式按钮选择模式时的操作。

❶ 在**设定菜单**中，点击**限制显示屏模式选择**选项

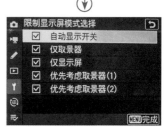

❷ 点击勾选要保留的模式选项，然后点击 [MENU]完成 图标确定

◀ 在拍摄比较细小的题材时，建议使用显示屏进行拍摄，这样在放大图像时，可以更直观、准确地查看画面对焦点是否清晰『焦距：60mm ┊ 光圈：F4 ┊ 快门速度：1/180s ┊ 感光度：ISO200』

在控制面板中设置常用拍摄参数

　　除了上面介绍的显示屏，尼康 Z8 的控制面板（也被许多摄友称为"肩屏"）也是在设置参数时常用的部件。虽然尼康 Z8 的控制面板中显示的参数不是很多，但还是可以满足我们进行一些常用参数设置的。

　　通常情况下，在机身上按下相应的按钮，然后转动主指令拨盘即可调整相应的参数。

　　在某些拍摄模式下，直接转动主指令拨盘或副指令拨盘即可对光圈、快门速度等参数进行设置，而无须按下任何按钮。右图展示了使用控制面板设置 ISO 感光度时的操作步骤。

▶ 操作方法
按下 ISO 按钮并转动主指令拨盘，即可调节 ISO 感光度

设置相机显示参数

利用"电源关闭延迟"提高相机的续航能力

　　利用"电源关闭延迟"菜单，可以控制未执行任何操作时在"播放""菜单设定""图像查看"及待机过程中选择"待机定时器"选项，显示屏保持开启的时间长度。

↓ 设定步骤

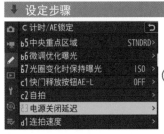 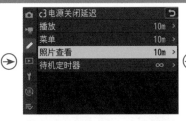 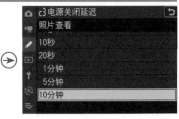

❶ 进入**自定义设定**菜单，点击 **C 计时 /AE 锁定**中的 **C3 电源关闭延迟**选项

❷ 在其子菜单中可以点击**播放**、**菜单**、**照片查看**或**待机定时器**选项

❸ 如果选择**播放**选项，点击设置回放照片时显示屏关闭的延迟时间

高手点拨：在"C3 电源关闭延迟"菜单中将时间设置得越短，对节省电池的电量越有利。这一点在身处严寒的环境中拍摄时显得尤其重要，因为在这样的低温环境中电池电量的消耗会很快。

● 播放：用于设置回放照片时显示屏关闭的延迟时间。
● 菜单：用于设置在进行菜单设置时显示屏关闭的延迟时间。
● 照片查看：用于设置拍摄照片后，相机自动显示照片效果时显示屏关闭的延迟时间。
● 待机定时器：用于设置在拍摄过程中未执行任何操作时，显示屏、取景器显示或控制面板保持开启的时间长度。

利用"LCD 照明"让弱光下观看更容易

在弱光环境下拍摄时，容易因为环境光线暗，而按错按钮或看不清控制面板参数。通过开启尼康 Z8 相机的"LCD 照明"功能，可以轻松解决这个问题。

OFF：选择此选项，当电源开关旋转至 ☀ 时，控制面板和 11 个相机按钮将点亮照明。按下快门释放按钮时，将关闭照明。

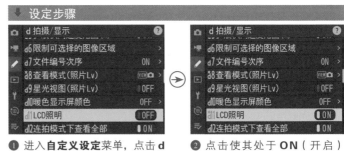

❶ 进入**自定义设定**菜单，点击 **d 拍摄 / 显示**中的 **d11 LCD 照明**选项

❷ 点击使其处于 **ON**（开启）状态

ON：选择此选项，当"待机定时器"处于激活状态时，控制面板和按钮将点亮照明，在半按快门释放按钮时关闭照明，在释放按钮时会再次点亮照明。选择此选项，将增加电池电量的消耗。

利用"网格类型"轻松构图

尼康 Z8 相机的"网格类型"功能可以为我们进行比较精确的构图提供极大的便利，如严格的水平线或垂直线构图等。另外，3×3 的网格结构也可以帮助我们进行较准确的 3 分法构图，这在拍摄时是非常实用的。该菜单用于设置是否在取景时显示网格。

使用时要注意开启"d17：自定义显示屏拍摄显示"中关于网格线的显示选项开关。

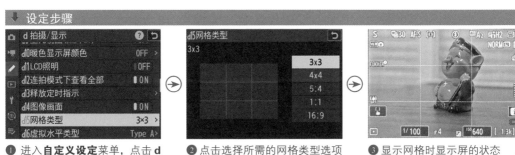

❶ 进入**自定义设定**菜单，点击 **d 拍摄 / 显示**中的 **d15 网格类型**选项

❷ 点击选择所需的网格类型选项

❸ 显示网格时显示屏的状态

将设置应用于显示屏以显示预览效果

在照片拍摄模式下,当改变曝光补偿、白平衡、优化校准时,通常可以在显示屏中即刻观察到这些设置对照片的影响,以正确评估是否需要修改或如何修改这些拍摄设置。

但如果不希望这些拍摄设置影响液晶显示屏中显示的照片,可以使用"d8 查看模式(照片Lv)"菜单关闭此功能。在视频模式下,无论选择了什么选项,都始终显示相机设定的预览效果。

设定步骤

 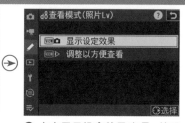 

❶ 进入**自定义设定**菜单,点击 d **拍摄 / 显示**中的 **d8 查看模式(照片 Lv)**选项

❷ 点击**显示设定效果**选项,然后点击⊙选择图标进行下一步设置

❸ 点击选择所需的选项

 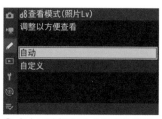

❹ 点击**调整以方便查看**选项

❺ 点击可选择**自动**或**自定义**选项

● 显示设定效果:选择此项,则在修改白平衡、优化校准和曝光补偿等设置时,液晶显示屏即刻反映该设置对画面的影响,可以选择"始终"和"仅当未使用闪光灯时"子选项。选择"始终"选项,当安装了闪光灯组件且闪光准备就绪时,液晶显示屏也能显示设定效果;选择"仅当未使用闪光灯时"选项时,安装了闪光灯组件且闪光准备就绪时,会调整显示亮度以方便查看,但还是会显示颜色的设定效果。

● 调整以方便查看:选择此项,则当改变拍摄设置时,液晶显示屏中的画面不会反应变化,可以选择"自动"和"自定义"子选项。选择"自动"选项,会自动调整液晶显示屏的色彩、亮度及其他设定,以方便在长时间使用时观看;选择"自定义"选项,可以对"白平衡""设定优化校准""调亮阴影"选项进行单独调整。

设置相机控制参数

触控控制

尼康 Z8 相机的屏幕支持触摸操作,用户可以触摸屏幕来进行拍摄照片、设定菜单、回放照片等操作。

在"触控控制"菜单中,用户可以通过"启用/禁用触控控制"菜单选择是否启用触摸操作功能,或者仅在播放照片时使用触摸操作。

在"手套模式"菜单中,选择"ON"选项,可以提高触摸屏的灵敏度,从而更便于在佩戴手套时使用触摸屏。

❶ 在**设定菜单**中点击**触控控制**选项

❷ 点击**启用/禁用触控控制**选项

❸ 点击所需的选项

❹ 点击**手套模式**选项,使其处于 **ON**(开启)状态

自定义 *i* 菜单

利用"自定义 *i* 菜单"功能,摄影师可以根据自己的喜好,自定义 i 菜单中要显示的选项及每一个选项的位置,以方便自己的拍摄。

❶ 进入**自定义设定**菜单,点击 **f 控制**中的 **f1 自定义 *i* 菜单**选项

❷ 点击选择 i 菜单中要注册功能的位置选项

❸ 点击选择要注册的选项

自定义控制功能

在使用尼康 Z8 相机时，可以在"自定义控制(拍摄)"菜单中，根据个人的操作习惯或临时的拍摄需求，使用镜头环、相机按钮和指令拨盘指定一个功能。如 Fn1 按钮、Fn2 按钮、AF-ON 按钮、副选择器的中央、视频录制按钮、镜头 Fn 按钮、镜头控制环等常用按钮都支持自定义功能。

在"自定义控制(拍摄)"菜单中，可以为各按钮在单独使用时，或者按钮 + 指令拨盘组合使用时指定功能。如果能够按自己的拍摄操作习惯对该按钮的功能进行重新定义，就能够使拍摄操作更顺手。

例如，如果摄影师将按下 AF-ON 按钮的操作指定为"选择中央对焦点"功能，那么在拍摄时按下 AF-ON 按钮即可选择中央对焦点。

可以指定的功能有下列选项。

●预设对焦点：按下指定按钮，可以选择一个预设对焦点。

●选择中央对焦点：按下指定按钮，可以选择中央对焦点。

●保存对焦位置：按住指定按钮，可以保存当前对焦位置。

●重新调用对焦位置：按下指定按钮，可以调用已指定"保存对焦位置"按钮所保存的对焦位置。

●AF 区域：按住指定按钮，可以选择一个预设 AF 区域模式，当释放指定按钮时，则会恢复之前的 AF 区域模式。

●AF 区域 +AF-ON：按住指定按钮，可以选择一个预设 AF 区域模式并启动自动对焦，当释放指定按钮时，会恢复之前的 AF 区域模式。

●AF-ON：按下指定按钮，可以执行自动对焦操作。

●仅 AF 锁定：按住指定按钮，仅对焦被锁定。

●AE 锁定（保持）：按下指定按钮，曝光被锁定并保持锁定，直到再次按下该按钮或待机定时器时间被耗尽。

●AWB 锁定（保持）：如果选择了"自动"或"自然光自动适应"白平衡模式，按下指定按钮，将锁定白平衡，当再次按下该按钮时或待机定时器时间被耗尽，锁定才会被解除。

●AE/AWB 锁定（保持）：按下指定按钮，曝光被锁定。如果选择了"自动"或"自然光自动适应"白平衡模式，白平衡也将被锁定。再次按下该按钮或待机定时器时间被耗尽，锁定才会解除。

●AE 锁定（快门释放时解除）：按下指定按钮，曝光锁定并保持锁定，直至再次按下该指定按钮、快门被释放或待机定时器时间耗尽。

❶ 进入**自定义设定**菜单，点击 **f 控制**中的 **f2 自定义控制（拍摄）**选项

❷点击一个按钮选项（ 此处以保护 /Fn3 按钮为例 ）

❸ 点击选择当按下**保护 /Fn3 按钮**时所执行的功能

●仅 AE 锁定：按住指定按钮，仅曝光被锁定。

●AE/AF 锁定：按住指定按钮，对焦和曝光被锁定。

●FV 锁定：按下指定按钮，将锁定另购闪光灯组件的闪光数值，在不改变闪光级别的情况下重新构图，可确保即使重新构图后被摄对象不在画面中央，被锁定的闪光量也可用于拍摄该对象。再次按下指定按钮则解除 FV 锁定。

●禁用 / 启用：若当前闪光灯处于启用状态，按住指定按钮将禁用闪光灯；若当前闪光灯处于关闭状态，按住指定按钮将选择前帘同步闪光模式。

●切换 FX/DX：当将图像区域设置为"FX（36×24）"时，按下指定按钮可以切换至"DX（24×16）"。当将图像区域设置为"FX（36×24）"以外的选项时，按下指定按钮可以选择"FX（36×24）"。

●照片闪烁消减：按下指定按钮，可以将"照片闪烁消减"菜单设置为"ON"，再次按下该按钮可以设置为"OFF"。

●预览：按下指定按钮，可以预览画面的色彩、曝光和景深。

●重新调用拍摄功能：按住指定按钮，可以调用之前所选的拍摄设定。

●重新调用拍摄功能（保持）：按下指定按钮，可以重新调用之前为照片拍摄储存的设定，包括拍摄模式和测光模式，再按一次该按钮，则恢复调用前生效的拍摄设定。

●高频闪烁消减：按下指定按钮，可以以更小的增量微调快门速度，再按一次该按钮，恢复标准快门速度选择。

●曝光包围连拍：当使用单张拍摄释放模式进行曝光、闪光或使用动态 D-Lighting 包围时按住指定按钮，则每次按下快门按钮，相机均会拍摄当前包围程序中的所有照片。当进行白平衡包围或选择了一种连拍模式时，相机将在持续按下快门释放按钮时重复包围连拍。

●同步释放选择：当将"连接至其他照相机"菜单设置为"同步释放"时，或当无线遥控器用于同步释放时，指定按钮可以在遥控释放、主控释放或同步释放之间进行切换。

●优先于其他照相机：在同步释放期间，按下指定按钮，可以从另一台照相机远程控制主照相机功能。

●+RAW：在将图像品质设为 JPEG 或 HEIF 时，按下指定按钮，"RAW"将出现在屏幕中，并且在按下该指定按钮后拍摄一张照片的同时，记录一个 NEF（RAW）副本。当松开快门释放按钮或再次按下该按钮时，将恢复原始图像品质设定。

●静音模式：按下指定按钮可以启用静音模式，再次按下该按钮则禁用静音模式。

●切换即时取景信息显示：按下指定按钮，可以循环切换拍摄显示。

●即时取景信息显示关闭：按下指定按钮，可以隐藏拍摄显示中的图标及其他信息，再次按下该按钮可查看图标及其他信息。

●取景网格：按下指定按钮，可以显示或隐藏取景网格。

●缩放开启 / 关闭：按下指定按钮，可以放大当前对焦点周围区域的显示，再次按下该按钮可以取消缩放。

●虚拟水平：按下指定按钮，可以启用虚拟水平，再次按下该按钮可以隐藏显示。

●星光视图（照片 Lv）：按下指定按钮，可以开启星光视图，再次按下该按钮可以关闭星光视图。

●查看模式（照片 Lv）：按下指定按钮，可以将"查看模式（照片 Lv）"菜单，从"显示设定效果"选项切换至"调整以方便查看"选项；反之，亦然。

●峰值对焦辅助显示：在 MF 对焦模式设置下，按一次指定按钮可以启用峰值对焦辅助功能，再次按下该按钮，则关闭峰值对焦辅助功能。

●我的菜单：按下指定按钮，可以显示"我的菜单"。

●访问我的菜单中首项：按下指定按钮，将跳至"我的菜单"中的首个项目。

●播放：按下指定按钮，可以开始播放照片。

●筛选的播放：按下指定按钮，可以仅查看符合"筛选的播放条件"菜单中所选条件的照片。

●筛选的播放（选择条件）：按下指定按钮，可跳转到"筛选的播放条件"菜单。

●与 AF-ON 按钮相同：所选按钮可执行当前指定给 AF-ON 按钮的功能。

●拍摄菜单库：按下指定按钮，同时旋转主指令或副指令拨盘，可以选择拍摄菜单库。

●拍摄模式：按下指定按钮，同时旋转主指令拨盘可选择拍摄模式。

●选择影像区域：按下指定按钮，同时旋转主指令或副指令拨盘，可以选择影像区域。

●图像品质/尺寸：按下指定按钮，同时旋转主指令拨盘，可以选择图像品质；按下指定按钮，同时旋转副指令拨盘，则可选择图像尺寸。

●白平衡：按下指定按钮，同时旋转主指令拨盘，可以选择白平衡模式。部分白平衡模式可通过旋转副指令拨盘选择子选项。

●设定优化校准：按下指定按钮，同时旋转主指令或副指令拨盘，可以选择优化校准。

●设定优化校准（HLG）：按下指定按钮，同时旋转主指令或副指令拨盘，可以选择 HLG 优化校准。

●动态 D-Lighting：按下指定按钮，同时旋转主指令或副指令拨盘，可以调整 D-Lighting。

●皮肤柔和：按下指定按钮，同时旋转主指令或副指令拨盘，可以调整皮肤柔和。

●调整人像形象：按下指定按钮，同时旋转主指令或副指令拨盘，可以调整人像形象模式。

●测光：按下指定按钮，并同时旋转主指令或副指令拨盘，可以选择测光模式。

●闪光模式/补偿：按下指定按钮，同时旋转主指令拨盘，可以选择闪光模式；按下指定按钮，同时旋转副指令拨盘则，可以调整闪光量。

●释放模式：按住指定按钮，同时旋转主指令拨盘，可以选择释放模式；当所选模式中含有子选项时，可以按住指定按钮同时旋转副指令拨盘进行选择。

●对焦模式/AF区域模式：按下指定按钮，同时旋转主指令拨盘，可以选择对焦模式；按住指定按钮，同时旋转副指令拨盘，可以选择 AF 区域模式。

●自动包围：按下指定按钮，同时旋转主指令拨盘，可以选择包围序列中的拍摄张数；按下指定按钮，同时旋转副指令拨盘，可以选择包围增量或动态 D-Lighting 的量。

●多重曝光：按下指定按钮，同时旋转主指令拨盘，可以选择模式；按下指定按钮，同时旋转副指令拨盘，可以选择拍摄张数。

●HDR合成：按下指定按钮，同时旋转主指令拨盘，可选择"HDR 模式"；按下指定按钮，同时旋转副指令拨盘，可以调整 HDR 强度。

●控制锁：在 S 快门优先和 M 全手动模式下，按下指定按钮，同时旋转主指令拨盘，可以锁定快门速度，在 A 光圈优先和 M 全手动模式下，按下指定按钮同时旋转副指令拨盘，可以锁定光圈。若要锁定对焦点选择，请按住按钮并使用多重选择器选择对焦点。

●1级快门/光圈：无论在"b2曝光控制 EV 步长"菜单中选择了什么选项，快门速度和光圈都将以 1EV 为增量进行调整。在 S 快门优先和 M 全手动模式下，按住指定按钮，并旋转主指令拨盘可以以 1EV 为增量调整快门速度，在 A 光圈优先和 M 全手动模式下，按住指定按钮，并旋转副指令拨盘可以用 1EV 为增量调整光圈。

●选择非 CPU 镜头编号：按下指定按钮，同时旋转指令拨盘，可以选择一个在"非 CPU 镜头数据"菜单中保存的镜头编号。

● 对焦（M/A）：旋转镜头控制环可以使手动对焦优先于自动对焦，在半按快门期间，控制环可以用于手动对焦。松开快门，然后再次半按快门，则可以使用自动对焦。

● 光圈：旋转镜头控制环可调整光圈。

● 曝光补偿：按住指定按钮，并旋转主指令或副指令拨盘，或通过旋转镜头控制环，可调整曝光补偿。

● ISO 感光度：按住指定按钮，并旋转主指令或副指令拨盘，或通过旋转镜头控制环，可调整 ISO 感光度。

● 光圈（打开）：逆时针旋转镜头 Fn 环可以放大镜头光圈。

● 光圈（关闭）：顺时针旋转镜头 Fn 环可以缩小镜头光圈。

● 曝光补偿 +：顺时针旋转镜头 Fn 环可以增加曝光补偿。

● 曝光补偿：逆时针旋转镜头 Fn 环可以减少曝光补偿。

● ISO 感光度（增加）：顺时针旋转镜头 Fn 环可以增加 ISO 感光度。

● ISO 感光度（降低）：逆时针旋转镜头 Fn 环可经降低 ISO 感光度。

● 无：按下按钮或按下按钮的同时旋转指令拨盘都不起作用。

　　除了在"自定义控制（拍摄）"菜单中指定按钮在拍摄时的功能，在播放照片模式下，尼康 Z8 相机通过"自定义控制（播放）"菜单，可以为 Fn1 按钮、Fn2 按钮、竖拍 Fn 按钮、DISP 按钮、保护 /Fn3 按钮、OK 按钮、主指令拨盘、视频录制按钮和指令拨盘指定按下它们时所执行的操作。例如，如果将 Fn1 按钮注册为"保护"，则在播放照片时，按下 Fn1 按钮就可以保护所选择的照片。

↓ 设定步骤

  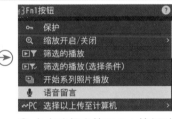

❶ 进入**自定义设定**菜单，点击 **f 控制**中的 **f3 自定义控制（播放）** 选项

❷ 点击一个按钮选项（此处以 Fn1 按钮为例）

❸ 点击选择当按下 Fn1 按钮时所执行的功能

◀ 自定义设定按钮功能，可以在拍摄时更省时省力，尤其是黄金拍摄时间，更快捷的操作能让摄影师更好地专注拍摄。『焦距：24mm；光圈：F18；快门速度：1/500s；感光度：ISO100』

设置控制锁

尼康 Z8 相机提供了"控制锁"功能，用户可以根据拍摄需求来设定在快门优先和手动曝光模式下锁定快门速度，即将"快门速度锁定"设置为"ON"；在光圈优先和手动曝光模式下锁定光圈，即将"光圈锁定"设置为"ON"。

将"对焦点锁定"设置为"ON"，可以将对焦点锁定在当前所选对焦点。

当锁定快门速度、光圈值或对焦点后，能够避免手指误操作拨盘或屏幕，从而改变画面的景深或拍摄效果的情况发生。

❶ 进入**自定义设定**菜单，点击 **f 控制**中的 **f4 控制锁**选项

❷ 点击**快门速度锁定**选项，使其处于 **ON**（开启）状态

❸ 点击**光圈锁定**选项，使其处于 **ON**（开启）状态

❹ 点击**对焦点锁定**选项，使其处于 **ON**（开启）状态

设置按钮与拨盘的配合使用方式

默认情况下，在使用图、ISO、BKT、▢、MODE、WB、❍┓（Fn3）及对焦模式等机身按钮配合主/副指令拨盘设置参数时，需要按住此按钮的同时转动指令拨盘。

根据个人的操作习惯，也可以在"释放按钮以使用拨盘"菜单中选择"ON"选项。当将其指定为按下并释放某按钮后，再旋转指令拨盘来设置参数。在此情况下，当再次按下机身上的其他按钮或半按快门释放按钮时，则结束当前的参数设置。

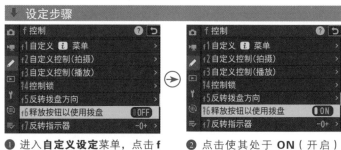

❶ 进入**自定义设定**菜单，点击 **f 控制**中的 **f6 释放按钮以使用拨盘**选项

❷ 点击使其处于 **ON**（开启）状态

高手点拨：选择"ON"选项，还应用于已使用"f2 自定义控制（拍摄）"或"g2 自定义控制"菜单指定了特定功能的按钮。

设置拍摄参数

空插槽时快门释放锁定

如果忘记为相机安装存储卡，无论多么用心拍摄，终将一张照片也留不下来，白白浪费时间和精力。在"空插槽时快门释放锁定"菜单中，可以设置是否允许无存储卡时按下快门，从而防止出现未安装存储卡而进行拍摄的情况。

● 快门释放锁定：选择此选项，则不允许无存储卡时按下快门。

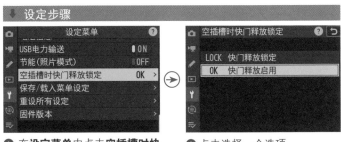

❶ 在**设定菜单**中点击**空插槽时快门释放锁定**选项

❷ 点击选择一个选项

● 快门释放启用：选择此选项，则未安装存储卡时仍然可以按下快门，但照片无法被存储，而被保存在相机内置的缓存中，只能短暂浏览，关机后照片将消失。

保存 / 载入菜单设定

对于一些常用的用户设置，在经过多次使用后可能已经变得"面目全非"，如果一个一个地重新设置，无疑是非常麻烦的。

此时，我们可以将常用设置保存起来，然后在需要的时候将其载入，从而快速地恢复相机常用设置。

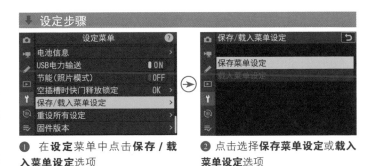

❶ 在**设定菜单**中点击**保存 / 载入菜单设定**选项

❷ 点击选择**保存菜单设定**或**载入菜单设定**选项

高手点拨：尼康Z8保存的用户设置包括各个菜单中的绝大部分功能设置。在保存时必须插入存储卡且有足够的空间。当载入用户设置时，也需要插入该存储卡，并且参数设定文件不能够被重命名或移至其他位置，否则无法载入设置。

USB 电力输送

通过"USB 电力输送"菜单可以设置相机是否从通过 USB 供电接口连接的设备获取供电。

当开启该功能后，相机可以从带内置 C 型 USB 端口的计算机、EH-7P 可充电电源适配器或 EH-8P 电源适配器设备中获取电量。

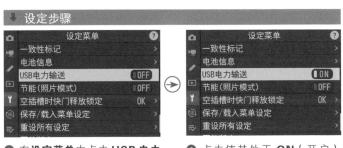

❶ 在**设定菜单**中点击 **USB 电力输送**选项

❷ 点击使其处于 **ON**（开启）状态

设置焦距变化拍摄

在拍摄静物商品时，一般需要被拍摄商品是完全清晰的。但当使用常规方法拍摄时，即使缩小光圈，也不能保证商品完全清晰。此时，可以用景深合成的方法拍摄，通过后期处理得到商品全部清晰的照片。

用景深合成的方法，需要摄影师先针对商品的不同位置对焦，以拍摄出一系列商品清晰位置不同的照片。以往使用的拍摄方法是手动对焦，逐步改变对焦点，操作较为烦琐。

使用尼康Z8相机的"焦距变化拍摄"功能则方便很多，摄影师可以通过提前设置好的拍摄张数、焦距步长、到下一次拍摄的间隔等参数，使相机自动拍得到一组对焦位置不同的照片，省去了人工调整对焦点的操作。

最后，只需在Photoshop中合成这一系列照片即可。

❶ 在**照片拍摄菜单**中点击**焦距变化拍摄**选项

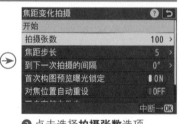

❷ 点击选择**拍摄张数**选项

❸ 点击▲和▼图标可以在1~300张之间选择所需的拍摄张数，然后点击**OK确定**图标确认

❹ 如果在步骤❷中选择了**焦距步长**选项，点击◀和▶图标选择每次拍摄对焦距离改变的量，然后点击**OK确定**图标确认

❺ 如果在步骤❷中选择了**到下一次拍摄的间隔**选项，点击选择一个间隔时间，然后点击**OK确定**图标确认

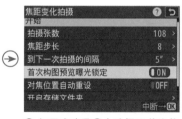

❻ 如果在步骤❷中选择了**首次构图预览曝光锁定**选项，点击使其处于**ON**（开启）状态

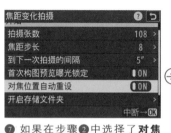

❼ 如果在步骤❷中选择了**对焦位置自动重设**选项，点击使其处于**ON**（开启）状态

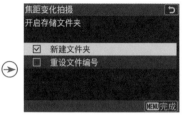

❽ 如果在步骤❷中选择了**开启存储文件夹**选项，点击勾选所需的选项，然后点击**MENU完成**图标确认。所有设定完成后，返回步骤❷界面，点击**开始**选项即可拍摄

● 开始：选择此选项可以开始拍摄。相机将拍摄所选张数的照片，并在每次拍摄中以所设置的"焦距步长"改变对焦距离。

● 拍摄张数：可以选择拍摄张数，最高可达到约 300 张，根据所拍摄画面的复杂程度选择合适的拍摄张数即可。

● 焦距步长：选择每次拍摄过程中对焦距离改变的量。点击◀图标向窄端移动游标，可以缩小焦距步长，点击▶图标向宽端移动游标，可以增加焦距步长。如果使用短焦距的镜头拍摄微距画面，可以选择较小的焦距步长并增加拍摄张数。

● 到下一次拍摄的间隔：点击▲或▼图标选择拍摄间隔时间，可以在 00~30 秒范围内选择。选择"00"可以约 5 张 / 秒的速度拍摄照片。如果使用闪光灯拍摄，则需要选择足够长的间隔时间以供闪光灯充电。

● 首次构图预览曝光锁定：若选择了"ON"选项，相机会将所有图像的曝光锁定为拍摄第一张照片时的设定；选择"OFF"选项，则相机在每次拍摄前调整画面曝光。

● 对焦位置自动重设：选择"ON"选项，当拍摄完当前序列中的所有照片时，对焦就会返回至开始位置，当连续多次以相同的对焦距离进行拍摄时，选择此选项无须每次都重新对焦；选择"OFF"选项，对焦保持固定在序列中最后一次拍摄的位置。

● 开启存储文件夹：选择"新建文件夹"选项，可以为每组照片新建一个存储文件夹。选择"重设文件编号"选项，则可在新建一个文件夹时，将文件编号重设为 0001。

高手点拨：曝光模式推荐使用 A 光圈优先和 M 全手动曝光模式，以确保在拍摄期间不会改变光圈值。如果要在拍摄完所有照片之前结束拍摄，可以在"焦距变化拍摄"菜单中选择"关闭"选项，或者在两次拍摄之间半按快门释放按钮或按下 OK 按钮。

设置色调模式

　　尼康 Z8 相机在"色调模式"菜单中提供了 SDR 和 HLG 两种色调模式。

　　SDR 模式支持标准亮度范围，选择该选项所拍摄的照片以 JPEG 格式储存。

　　HLG 模式支持 HDR（高动态范围），具有比 SDR 更宽的动态范围，画面有更丰富的细节表现，但是与使用 SDR 模式所拍摄的照片相比，会出现更多的噪点，所拍摄的照片以 HEIF 格式储存。

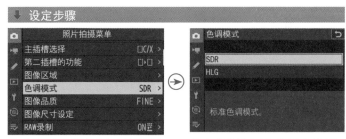

❶ 在**照片拍摄菜单**中点击**色调模式**选项

❷ 点击选择 **SDR** 或 **HLG** 选项

高手点拨："ISO 感光度设定"菜单的"最大感光度"子选项，可选择的最低数值为 ISO800；Hi 0.3~Hi 2.0 的 ISO 感光度不可用。动态 D-Lighting、多重曝光和 HDR 合成菜单不可用。

皮肤柔和功能使皮肤更细腻

尼康 Z8 相机具有"皮肤柔和"功能，如果在拍摄人像作品时开启此功能，则可以柔化被摄者的皮肤，同时保持眼睛和头发的清晰度完好无损，此功能在拍摄女性时特别有用，可以使其皮肤看上去更柔嫩、细腻、光滑。

此功能具有高、标准、低3个等级，选择的等级越高，人物皮肤被柔化的程度也越高。

⬇ 设定步骤

❶ 在**照片拍摄菜单**中点击**皮肤柔和**选项

❷ 点击选择所需的选项

▶ 启用"皮肤柔和"功能，就相当于在拍摄时就进行了磨皮处理，使拍摄出来的人物皮肤更为细腻『焦距：50mm ¦ 光圈：F4 ¦ 快门速度：1/180s ¦ 感光度：ISO200 』

调整人像形象

通过"调整人像形象"菜单，可以微调人像画面的色相和亮度，并将结果保存为"模式1""模式2""模式3"选项，以便在拍摄期间应用。例如，在拍摄美女时，可以将色相向 M（洋红色）端偏移，增加亮度值，这样就能拍出白里透红的肤色，再搭配"皮肤柔和"功能使用，可以轻松拍出皮肤细腻、白皙的人像照片。

⬇ 设定步骤

❶ 在**照片拍摄菜单**中点击**调整人像形象**选项

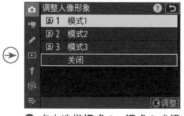

❷ 点击选择**模式 1、模式 2** 或**模式 3** 选项，然后点击 调整 图标

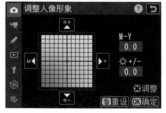

❸ 点击▲和▼图标可以调整亮度，点击◀和▶图标可以调整色相，设定完成后点击 确定 图标确认

设置影像存储参数

设置存储文件夹

利用"存储文件夹"菜单可以选择存储今后所拍照片的文件夹，包含"重新命名""按编号选择文件夹""从列表中选择文件夹"3 个选项。

● 重新命名：选择此选项，用户可更改文件夹的名称。

● 按编号选择文件夹：选择此选项，则可以根据已有的文件夹编号来选择文件夹。如果所选文件夹为空，则显示为□图标；如果所选文件夹剩余一部分空间（即照片数量不到 5000 张，或者照片名称的最大编号不超过 9999），则显示为▣图标；若此文件夹中照片数量包含 5000 张，或者有一张照片编号为 9999，则显示为▣图标。

设定步骤

❶ 在**照片拍摄菜单**中点击**存储文件夹**选项

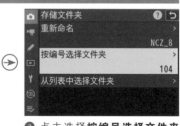

❷ 点击选择**按编号选择文件夹**选项

❸ 点击加亮显示一个数字框，然后点击▲和▼图标更改编号，最后点击OK确定图标确认

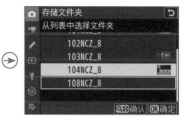

❹ 如果在步骤❷中选择**从列表中选择文件夹**选项，可指定一个现有的文件夹保存照片

● 从列表中选择文件夹：选择此选项，将列出相机中已存在的文件夹列表，然后根据需要选择文件夹即可。

文件命名

在默认设置下，保存照片时所使用的文件名称由"DSC_"后接 4 位数编号和 3 位字母扩展名组成，如 DSC_0001.jpg，通过"文件命名"菜单，用户可以按照自己的习惯来替换名称中的"DSC"3 个字母。

设定步骤

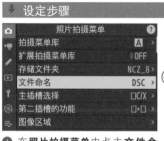

❶ 在**照片拍摄菜单**中点击**文件命名**选项

❷ 点击**文件命名**选项

❸ 点击选择所需的字母，然后点击OK输入图标输入，输入完成后点击Q确定图标确定

设置图像区域

尼康 Z8 相机的有效像素为 4571 万，为了满足用户获得更具个性的画面比例，除了 FX 格式，还提供了 DX、1 ∶ 1 及 16 ∶ 9 等 3 种影像区域，即使在 DX 格式下，也可以获得约 1900 万的有效像素，这已经可以满足绝大部分日常拍摄及部分商业摄影的需求了。

❶ 在**照片拍摄菜单**中点击**图像区域**选项

❷ 点击**选择图像区域**选项

❸ 点击选择所需的选项

❹ 如果点击了 **DX 裁切提醒**选项，使其处于 **ON**（开启）状态

❺ 显示屏的右上角会显示 DX 提示

● FX（36×24）：选择此选项，使用图像传感器的全区域以 FX 格式（36.0×24.0）记录影像，产生相当于 35mm 格式相机的镜头视角。

● DX（24×16）：选择此选项，使用位于图像传感器中央约 24.0mm×16.0mm 区域以 DX 格式记录影像。在使用全画幅镜头拍摄时，此格式记录的画面效果约等于镜头焦距 ×1.5 的拍摄效果，从而无须更换镜头即可获得远摄效果。

● 1 ∶ 1（24×24）：以 1 ∶ 1（24.0×24.0）的宽高比记录照片。当以方画幅表现画面时，可以选择此选项。

● 16 ∶ 9（36×20）：以 16 ∶ 9（36.0×20.0）的宽高比记录影像。使用此影像区域拍摄的画面，视觉上显得更为宽广。

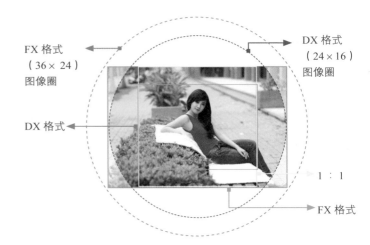

根据用途及后期处理要求设置图像品质

在拍摄过程中,根据照片的用途及后期处理要求,可以通过"图像品质"菜单设置照片的保存格式与品质。如果用于专业输出或希望为后期调整留出较大的空间,则应采用 RAW 格式;如果只是日常记录或要求不太严格的拍摄,使用 JPEG 格式即可。

采用 JPEG 格式拍摄的优点是文件小、通用性高,以及适用于网络发布、家庭照片洗印等,而且可以使用多种软件对其进行编辑处理。虽然压缩率较高,损失了较多的细节,但肉眼基本看不出来,因此是一种最常用的文件存储格式。

RAW 格式则是一种数码相机文件格式,它充分记录了拍摄时的各种原始数据,因此具有极大的后期调整空间,但必须使用专用的软件进行处理,如 Photoshop、捕影工匠等,经过后期调整转换格式后才能够输出照片,因而在专业摄影领域常使用此格式进行拍摄。其缺点是文件特别大,尤其在连拍时会极大地减少连拍的数量。

就图像质量而言,虽然采用"精细""标准""基本"品质拍摄的结果,用肉眼不容易分辨出来,但画面的细节和精细程度还是有区别的,因此,除非万不得已(如存储卡空间不足等),应尽可能使用"精细"品质。

- RAW+JPEG/HEIF 精细(精细★)/标准(标准★)/基本(基本★):选择此选项,将记录两张照片,即一张 RAW 格式的图像和一张精细 / 标准 / 基本品质的 JPEG 或 HEIF 图像。
- RAW:选择此选项,则来自图像感应器的 14 位原始数据被直接保存到存储卡上。
- JPEG/HEIF 精细、JPEG/HEIF 精细★:选择此选项,则以大约 1 : 4 的压缩率记录 JPEG/HEIF 图像(精细图像品质)。
- JPEG/HEIF 标准、JPEG/HEIF 标准★:选择此选项,则以大约 1 : 8 的压缩率记录 JPEG/HEIF 图像(标准图像品质)。
- JPEG/HEIF 基本、JPEG//HEIF 基本★:选择此选项,则以大约 1 : 16 的压缩率记录 JPEG/HEIF 图像(基本图像品质)。

高手点拨:如果Photoshop软件无法打开使用尼康Z8相机拍摄并保存的扩展名为.NEF的RAW格式的文件,则需要升级Adobe Camera Raw插件。

❶ 在**照片拍摄菜单**中点击**图像品质**选项

❷ 点击可选择文件存储的格式及品质

▶ 操作方法

按下 **i** 按钮显示常用设定菜单,使用多重选择器选择图像品质选项,然后转动主指令拨盘选择所需的图像品质选项。也可以通过点击屏幕的方式进行操作

Q：什么是 RAW 格式的文件？

A：简单地说，RAW 格式的文件就是一种数码照片文件格式，包含数码相机传感器未处理的图像数据，相机不会处理来自传感器的色彩分离的原始数据，仅将这些数据保存在存储卡中。

这意味着相机将（所看到的）全部信息都保存在图像文件中。采用 RAW 格式拍摄时，数码相机仅保存 RAW 格式的图像和 EXIF 信息（相机型号、所使用的镜头、焦距、光圈、快门速度等）。摄影师设定的相机预设值或参数值（例如对比度、饱和度、清晰度和色调等）都不会影响所记录的图像数据。

Q：使用 RAW 格式拍摄的优点有哪些？

A：使用 RAW 格式拍摄有如下优点。

● 可将相机中的许多文件处理工作转移到计算机上进行，从而可进行更细致的处理，包括白平衡、高光区 / 阴影区调节，以及清晰度和饱和度的控制。

● 可以使用最原始的图像数据（直接来自于传感器），而不是经过处理的信息，这毫无疑问将得到更好的画面效果。

● 采用 14 位深度记录图像，这意味着照片将保存更多的颜色，使最后的照片达到更平滑的梯度和色调过渡。

● 可在计算机上以不同幅度增加或减少曝光值，从而在一定程度上纠正曝光不足或曝光过度的问题。

设置 RAW 文件压缩

众所周知，RAW 格式可以最大限度地记录相机的拍摄参数，比 JPEG 格式拥有更高的可调整宽容度，但其最大的缺点就是由于记录的信息很多，因此文件非常大。在尼康 Z8 相机中，可以根据需要设置适当的压缩选项，以减小文件大小。当然，在存储卡空间足够的情况下，应尽可能地选择无损压缩的文件格式，从而为后期调整保留最大的空间。

● 无损压缩：选择此选项，则使用可逆算法压缩 RAW 图像，可在不影响图像质量的情况下将文件压缩 20%～40%。

● 高效率★：选择此选项，产生的照片品质可以媲美"无损压缩"所产生的照片品质，但又高于"高效率"的照片品质，文件大小约缩减为无损压缩 RAW 格式的 1/2。

● 高效率：选择此选项，保持与无损压缩 RAW 格式相同的高品质，同时文件大小约减少 1/3，使得 RAW 图像比以往更易于处理。

❶ 在**照片拍摄菜单**中点击 **RAW 录制**选项

❷ 点击选择所需的选项

根据用途及存储空间设置图像尺寸

图像尺寸直接影响着最终输出照片的大小，通常情况下，只要存储卡空间足够，那么就建议使用大尺寸，以便在计算机上通过后期处理软件，以裁剪的方式对照片进行二次构图处理。

另外，如果照片用于印刷、洗印等，也推荐使用大尺寸记录。如果只是用于网络发布、简单地记录或在存储卡空间不足时，则可以根据情况选择较小的尺寸。

设定步骤

❶ 在**照片拍摄菜单**中点击**图像尺寸设定**选项

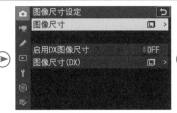

❷ 点击选择**图像尺寸**选项

❸ 点击选择所需的照片尺寸选项

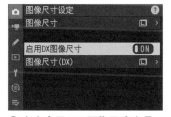

❹ 点击**启用 DX 图像尺寸**选项，使其处于 ON（开启）状态

❺ 点击**图像尺寸 (DX)** 选项

❻ 点击选择 DX 画幅下的图像尺寸选项

▲ 类似于这样到此一游或纪实类的照片，在实际应用中一般不会将其印刷为很大的尺寸，因此在拍摄时也没有必要把图像设置为很大的尺寸。另外，设置较小的尺寸可以节省存储卡空间『左图 焦距：200mm ┊ 光圈：F6.3 ┊ 快门速度：1/500s ┊ 感光度：ISO100；右图 焦距：100mm ┊ 光圈：F7.1 ┊ 快门速度：1/250s ┊ 感光度：ISO160』

设置优化校准参数拍摄个性照片

简单地说，优化校准就是相机依据不同拍摄题材的特点而进行的一些色彩、锐度及对比度等方面的校正。例如，在拍摄风光题材时，可以选择色彩较为艳丽、锐度和对比度都较高的"风景"优化校准，也可以根据需要手动设置自定义的优化校准，以满足个性化的需求。

设定优化校准

"设定优化校准"菜单用于设置适合拍摄对象或拍摄场景的照片风格，包含"自动""标准""自然""鲜艳""单色""人像""风景""平面""创意优化校准"等选项。

↓ 设定步骤

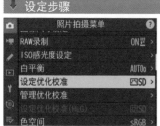 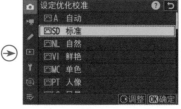 

❶ 在**照片拍摄菜单**中点击**设定优化校准**选项

❷ 点击选择预设的优化校准选项，然后点击 C调整 图标进入调整界面

❸ 选择不同的参数并根据需要修改后，然后点击 OK确定 图标确定

❹ 若在步骤❷中选择了创意优化校准之一，点击 C调整 图标同样可以进入详细调整界面

❺ 选择不同的参数并根据需要修改后，点击 OK确定 图标确定

高手点拨：在拍摄时，如果拍摄题材常有大的变化，建议用"标准"风格。

▶ 操作方法

在默认设定下，按住 🔒（Fn3）按钮并旋转主指令拨盘选择优化校准选项。当选择了创意优化校准选项时，按住 🔒（Fn3）按钮并旋转副指令拨盘可以调整效果级别

● 🄰A自动：此风格根据"标准"风格自动调整色相和色调。与使用"标准"选项拍摄的照片相比，使用此风格拍摄的人像照片，人物肤色看起来更柔和，而使用此风格拍摄的风光照片，颜色看起来更鲜艳。

● 🅂🄳SD 标准：此风格是最常用的照片风格，拍出的照片画面清晰、色彩鲜艳、明快。

● 🄽🄻NL 自然：进行最低程度的处理以获得比较自然的效果。需要在后期进行照片处理或润饰时选用。

● 🅅🄸VI 鲜艳：进行增强处理以获得鲜艳的效果，在强调照片主要色彩时选用。

- ▣MC 单色：使用该风格可拍摄黑白或单色照片。
- ▣PT 人像：当使用该风格拍摄人物时，人物的皮肤会显得更加柔和、细腻。
- ▣LS 风景：当使用该风格拍摄风光时，画面中的蓝色和绿色有非常好的表现。
- ▣FL 平面：使用此风格拍将获得更宽广的色调范围，如果在拍摄后需要对照片进行润饰处理，可以选择此选项。
- ▣01 - ▣20 Creative Picture Control（创意优化校准）：可以从梦幻、清晨、流行、星期天、低沉、戏剧、静寂、忧郁、纯净、牛仔布、玩具、棕褐色、蓝色、红色、粉色、木炭、石墨、双色及黑炭等 20 种优化校准中进行选择。每一种优化校准都是独一无二的组合，并且提供了效果级别、色相、饱和度等可以调整的参数。

在详细调整参数界面中，可以对以下选项进行调整。

- 效果级别：可以减弱或增强创意优化校准的效果。
- 快速锐化：可以批量调整锐化、中等锐化及清晰度的级别。若选择了 A 选项，则由相机自动调整。除了可以批量调整，也可以对锐化、中等锐化及清晰度进行单独调整。
- 锐化：控制图像细节和轮廓的锐度。向—端靠近则降低锐度，画面变得越来越模糊；向＋端靠近则提高锐度，画面变得越来越清晰。
- 中等锐化：根据图案和线条的精细度，在受锐化和清晰度影响的中间色调调整锐度。向—端靠近则降低锐度，画面变得越来越模糊；向＋端靠近则提高锐度，画面变得越来越清晰。
- 清晰度：在不影响亮度或动态范围的情况下，调整画面的整体锐度和较粗轮廓的锐度。向—端靠近则降低清晰度，画面变得越来越柔和；向＋端靠近则提高清晰度，画面变得越来越清晰。
- 对比度：控制图像的反差及色彩的鲜艳程度。选择 A 选项，则根据场景类型自动调整对比度；向—端靠近则降低反差，画面变得越来越柔和；向＋端靠近则提高反差，画面变得越来越明快。

▲ 设置对比度前（+0）后（+2）的效果对比

- 亮度：此参数可以在不影响照片曝光的前提下，改变画面的亮度。向—端靠近则降低亮度，画面变得越来越暗；向＋端靠近则提高亮度，画面变得越来越亮。

▲ 设置亮度前（+0）后（+1）的效果对比

● 饱和度：控制色彩的鲜艳程度。选择 A 选项，则根据场景类型自动调整饱和度；向—端靠近则降低饱和度，色彩变得越来越淡；向＋端靠近则提高饱和度，色彩变得越来越艳。

▲ 设置饱和度前（+0）后（+3）的效果对比

● 色相：控制画面色调的偏向。向—端靠近则红色偏紫、蓝色偏绿、绿色偏黄；向＋端靠近则红色偏橙、绿色偏蓝、蓝色偏紫。

▲ 调整色相前（+0）后（−2）的效果对比，可以看出调整色相后，天空晚霞的红色与被染红的地面色彩更加好看

● 调色：选择用于 Creative Picture Control（创意优化校准）的颜色的浓淡。

利用优化校准直接拍出单色照片

　　如果选用"单色"优化校准选项，还可以选择不同的滤镜及调色效果，从而拍摄出更有特色的黑白或单色照片。在"滤镜效果"选项下，可选择 OFF（无）、Y（黄）、O（橙）、R（红）或 G（绿）等色彩，从而在拍摄过程中，针对这些色彩进行过滤，得到更亮的灰色甚至白色。

设定步骤

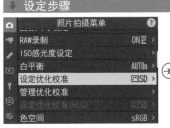  

● 在**照片拍摄菜单**中点击**设定优化校准**选项

② 点击**单色**预设照片风格，然后点击**◎调整**图标进入调整界面

③ 点击选择所需选项，然后调整参数值，完成后点击**OK确定**图标确定

●Y（黄色）：可使蓝天更自然，白云更清晰。

●O（橙色）：可稍压暗蓝天，使夕阳的效果更强烈。

●R（红色）：使蓝天更暗，落叶的颜色更鲜亮。

●G（绿色）：可将肤色和嘴唇的颜色表现得更好，使树叶的颜色更加鲜亮。

▲ 选择"标准"优化校准时拍摄的照片

▲ 选择"单色"优化校准时拍摄的照片

▲ 设置"滤镜效果"为"黄"时拍摄的照片

　　在"调色"选项下，可以选择无、褐、蓝、紫及绿等多种单色调效果。

▶ 原图及选择褐色、蓝色时得到的单色照片效果

为HLG照片设定优化校准

使用HLG色调模式拍摄的照片，同样可以修改优化校准，在"设定优化校准（HLG）"菜单中，用户可以选择"标准""单色""平面"3种选项，在详细参数设置界面，除了可以修改与"优化校准"相同的锐化、清晰度、饱和度、色相等参数，还可以对亮部或阴影进行修改。

⬇ 设定步骤

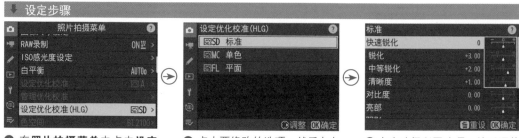

❶ 在**照片拍摄菜单**中点击**设定优化校准（HLG）**选项

❷ 点击要修改的选项，然后点击 调整 图标进入调整界面

❸ 点击选择所需选项，然后调整参数值，完成后点击 OK确定 图标确定

● 亮部：可以调整画面的亮部区域，设置更高的值可以使亮部区域更亮。
● 阴影：可以调整画面的阴影区域，设置更高的值可以使阴影区域更亮、细节更清晰。

▲使用HLG色调拍摄的照片配合优化校准，得到了画面整体都非常有细节的效果『焦距：20mm ┆ 光圈：F16 ┆ 快门速度：1/1000s ┆ 感光度：ISO400 』

随拍随赏——拍摄后查看照片

回放照片的基本操作

在回放照片时，我们可以对照片进行放大、缩小、显示信息、前翻、后翻及删除等多种操作，下面就通过一个图示来说明回放照片的基本操作方法。

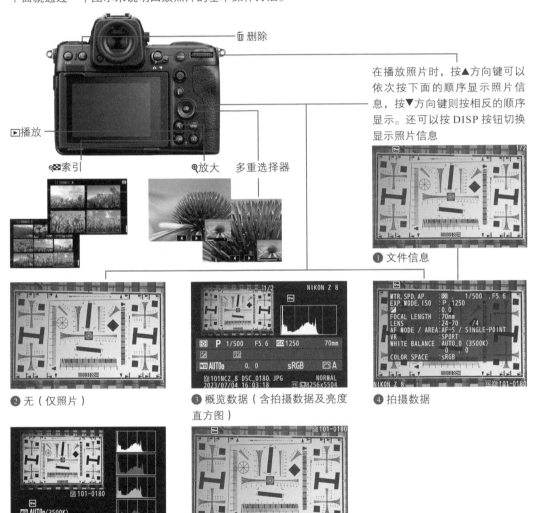

在播放照片时，按▲方向键可以依次按下面的顺序显示照片信息，按▼方向键则按相反的顺序显示。还可以按 DISP 按钮切换显示照片信息

❶ 文件信息

❷ 无（仅照片）

❸ 概览数据（含拍摄数据及亮度直方图）

❹ 拍摄数据

❺ RGB 直方图

❻ 曝光数据

Q：出现"无法回放图像"提示怎么办?

A：当在相机中回放图像时，如果出现"无法回放图像"提示，可能有以下几个原因。

●正在尝试回放的不是使用尼康相机拍摄的图像。

●存储卡中的图像已被导入计算机，并进行了旋转或编辑后再存回存储卡。

●存储卡出现故障。

照片查看

在拍摄环境变化不大的情况下，我们只是在刚开始做一些简单的参数调试并拍摄样片时，需要反复地查看拍摄得到的照片以确定是否满意。而一旦确认了曝光、对焦方式等参数，则不必每次拍摄后都显示并查看照片。此时，可以通过"照片查看"菜单来控制相机在每次拍摄后不再显示照片。

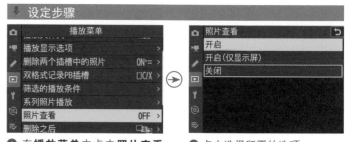

❶ 在**播放菜单**中点击**照片查看**选项

❷ 点击选择所需的选项

● 开启：选择此选项，在拍摄时照片会出现在显示屏或取景器中。

● 开启（仅显示屏）：选择此选项，仅当显示屏用于构图时，才会在拍摄后显示照片，拍摄时取景器中不会显示照片。

● 关闭：选择此选项，则只在按下播放按钮▶时才显示照片。

自动旋转照片

"自动旋转照片"菜单用于设置是否旋转"竖直"（人像方向）的照片，以便在播放时更加方便查看。该菜单中包含"ON"和"OFF"两个选项。选择"ON"选项后，当在显示屏中显示照片时，竖拍照片将被自动旋转为竖直方向；选择"OFF"选项后，竖拍照片将以横向方向显示。

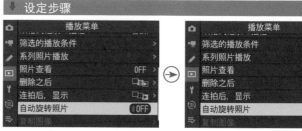

❶ 在**播放**菜单中点击**自动旋转照片**选项

❷ 点击使其处于ON（开启）状态

▲ 关闭"自动旋转照片"功能，竖拍照片的显示状态

▲ 开启"自动旋转照片"功能，竖拍照片的显示状态

播放文件夹

在播放照片时，可根据需要选择一个要播放的文件夹。

●NCZ_8：选择此选项，将播放使用尼康Z8创建的所有文件夹中的照片。

●全部：选择此选项，将播放所有文件夹中的照片。

●当前：选择此选项，将播放当前文件夹中的照片。

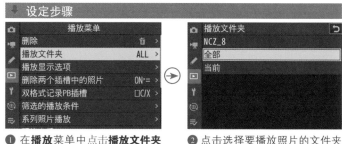

❶ 在**播放**菜单中点击**播放文件夹**选项　　❷ 点击选择要播放照片的文件夹

播放显示选项

在回放照片时，会显示一些相关的参数，以方便我们了解照片的具体信息。例如，亮度直方图可以辅助我们判断照片的曝光是否准确。此外，还可以根据需要设置回放照片时是否显示对焦点、加亮显示及RGB 直方图等，这些信息对于判断照片是否在预定位置合焦、是否过曝至关重要。

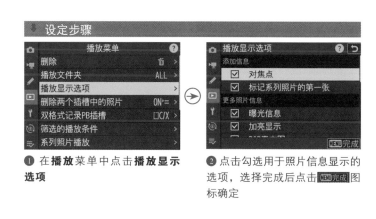

❶ 在**播放**菜单中点击**播放显示选项**　　❷ 点击勾选用于照片信息显示的选项，选择完成后点击 MENU完成 图标确定

●对焦点：选择此选项，则图像对焦点将以红色显示，这时如果发现对焦点不准确可以重新拍摄。

● 标记系列照片的第一张：选择此选项时，将用 🖳 图标识别连拍的首张照片，并用数字标记该连拍的照片总数。

●曝光信息：选择此选项，在播放照片时可以查看照片的快门速度、光圈、感光度等曝光数据。

● 加亮显示：选择此选项，可以帮助摄影师发现所拍摄的照片中曝光过度的区域，如果想要表现曝光过度区域的细节，就需要适当减少曝光量。

●RGB 直方图：选择此选项，在播放照片时可查看亮度与 RGB 直方图，从而更好地把握照片画面的曝光及色彩。

●拍摄数据：选择此选项，则在播放照片时可显示主要拍摄数据。

●概览：选择此选项，在播放照片时才能查看到这张照片的详细拍摄数据。

●无（仅照片）：选择此选项，则在播放照片时将隐藏其他内容，而仅显示当前的照片。

第 3 章
必须掌握的曝光与对焦的
基本设置

调整光圈控制曝光与景深

光圈的结构

　　光圈是相机镜头内部的一个组件。它由许多金属薄片组成，金属薄片不是固定的，通过改变它的开启程度可以控制进入镜头光线的多少。光圈开启得越大，通光量就越多；光圈开启得越小，通光量就越少。摄影师可以仔细观察镜头在选择不同光圈时叶片大小的变化。

高手点拨：虽然光圈值是在相机上设置的，但其可调整的范围却是由镜头决定的，即镜头支持的最大及最小光圈就是在相机上可以设置的上限和下限。

▲ 从镜头的底部可以看到镜头内部的光圈金属薄片

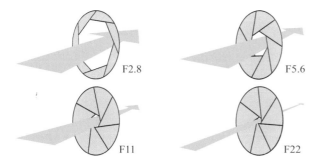

▲ 光圈是控制相机通光量的装置，光圈越大（F2.8），通光量越多；光圈越小（F22），通光量越少。

▲尼康 Z 24-70mm
F4 S

▲尼康 Z 50mm
F1.8 S

▲尼康 AF-S 28-300mm
F3.5-5.6 G ED VR

▶ 操作方法
按住 MODE 按钮并旋转主指令拨盘选择光圈优先或手动模式。在光圈优先或手动模式下，转动副指令拨盘可以选择光圈值

　　在上面展示的 3 款镜头中，尼康 Z 50mm F1.8 S 是定焦镜头，最大光圈为 F1.8；尼康 Z 24-70mm F4 S 为恒定光圈的变焦镜头，无论使用哪一个焦段进行拍摄，其最大光圈都只能够达到 F4；尼康 AF-S 28-300mm F3.5-5.6 G ED VR 是浮动光圈的变焦镜头，当用镜头的广角端（28mm）拍摄时，最大光圈可达 F3.5，当用镜头的长焦端（300mm）拍摄时，最大光圈只能够达到 F5.6。

　　同样，上述 3 款镜头也均有最小光圈值。例如，尼康 Z 24-70mm F4 S 的最小光圈为 F22，尼康 AF-S 28-300mm F3.5-5.6 G ED VR 的最小光圈同样在一个浮动范围（F22~F38）内。

光圈的表现形式

光圈用字母 F 或 f 表示，如 F8（或 f/8）。常见的光圈值有 F1.4、F2、F2.8、F4、F5.6、F8、F11、F16、F22、F32、F36 等，光圈每递进一挡，光圈口径就会缩小一部分，通光量也随之减半。例如，F5.6 光圈的进光量是 F8 的两倍。

光圈值还有 F1.6、F1.8、F3.5 等，但这些数值不包含在正级数之内。这是因为各个镜头厂商为了让摄影师可以更精确地控制曝光量，从而设计了 1/3 级或者 1/2 级的光圈。当光圈以 1/3 级进行调节时，则会出现如 F1.6、F1.8、F2.2、F2.5 等光圈值；当光圈以 1/2 级进行调节时，则会出现 F3.5、F4.5、F6.7、F9.5 等光圈值。用户可以通过相机中的"曝光步级"选项进行设置。若选择"0.5 段"，即以 1/2 级进行光圈控制；若选择"0.3"段，即以 1/3 级进行光圈控制。

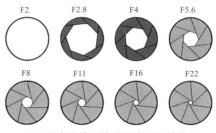

▲ 不同光圈值下镜头通光口径的变化

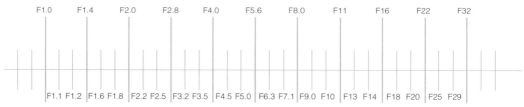

▲ 光圈级数刻度示意图，上排为光圈正级数，下排为光圈副级数

光圈对成像质量的影响

通常情况下，摄影师在拍摄时都会选择比镜头最大光圈小 1 ~ 2 挡的中等光圈，因为大多数镜头在中等光圈下的成像质量是最优秀的，照片的色彩和层次都能有更好的表现。例如，一只最大光圈为 F2.8 的镜头，其最佳成像光圈为 F5.6 ~ F8。另外，也不能使用过小的光圈，因为过小的光圈会使光线在镜头中产生衍射效应，导致画面质量下降。

Q：什么是衍射效应？

A：衍射是指当光线穿过镜头光圈时，光在传播的过程中发生弯曲的现象。光线通过的孔隙越小，光的波长越长，这种现象就越明显。因此，在拍摄时光圈收得越小，在被记录的光线中衍射光所占的比例就越大，画面的细节损失就越多。衍射效应对 C 画幅数码相机和全画幅数码相机的影响程度稍有不同。通常 APS-C 画幅数码相机在光圈收小到 F11 时，就能发现衍射效应对画质产生了影响；而全画幅数码相机在光圈收小到 F16 时，才能够看到衍射效应对画质产生了影响。

▲ 全画幅相机使用镜头最佳光圈拍摄时，所得到的照片画质最理想。『焦距：18mm；光圈：F16；快门速度：10s；感光度：ISO200』

光圈对曝光的影响

如前所述，在其他参数不变的情况下，光圈增大一挡，则曝光量增加一倍，如光圈从 F4 增大至 F2.8，即可增加一倍的曝光量；反之，光圈减小一挡，则曝光量也随之减少一半。换而言之，光圈开得越大，通光量就越多，所拍摄出来的照片画面也越明亮；光圈开得越小，通光量就越少，所拍摄出来的照片画面也越暗淡。

下面是一组保持焦距为 35mm、快门速度为 1/20s、感光度为 ISO200 不变，只改变光圈值所拍摄的照片。

▲ 光圈：F10　　▲ 光圈：F9　　▲ 光圈：F8
▲ 光圈：F7.1　　▲ 光圈：F6.3　　▲ 光圈：F5.6
▲ 光圈：F5　　▲ 光圈：F4.5　　▲ 光圈：F4
▲ 光圈：F3.5　　▲ 光圈：F3.2　　▲ 光圈：F2.8

通过这一组照片可以看出，在其他曝光参数不变的情况下，随着光圈逐渐变大，进入镜头的光线不断增多，因此所拍摄出来的画面也逐渐变亮。

理解景深

简单地说，景深即对焦位置前后的清晰范围。清晰范围越大，表示景深越大；反之，清晰范围越小，表示景深越小，画面的虚化效果就越好。

景深的大小与光圈、焦距及拍摄距离这3个要素密切相关。当拍摄者与被摄对象之间的距离非常近时，或者用长焦距、大光圈拍摄时，都能得到背景虚化效果；反之，当拍摄者与被摄对象之间的距离较远，或者使用小光圈或较短的焦距拍摄时，画面的虚化效果就会较弱。另外，被摄对象与背景间的距离也是影响背景虚化的重要因素。例如，当被摄对象距离背景较近时，即使用F1.8的大光圈也不能得到好的虚化效果；但当被摄对象距离背景较远时，即使用小光圈也能获得明显的虚化效果。

Q：景深与对焦点的位置有什么关系？

A：景深是指照片中某个景物清晰的范围。当摄影师将镜头对焦于某个点并拍摄后，在照片中与该点处于同一平面的景物都是清晰的，而位于该点前方和后方的景物则由于没有对焦，因此都是模糊的。但由于人眼不能精确地辨别焦点前方和后方出现的轻微模糊，因此这部分图像看上去仍然是清晰的，这种清晰会一直在照片中向前、向后延伸，直至景物看上去变得模糊到不可接受，而这个可接受的清晰范围，就是景深。

Q：什么是焦平面？

A：如前所述，当摄影师将镜头对焦于某个点拍摄时，在照片中与该点处于同一平面的景物都是清晰的，而位于该点前方和后方的景物则都是模糊的，这个清晰的平面就是成像焦平面。如果相机位置不变，当被摄对象在可视区域内向焦平面做水平运动时，成像始终是清晰的；但如果其向前或向后移动，则由于脱离了成像焦平面，因此会出现一定程度的模糊，景物模糊的程度与其距焦平面的距离成正比。

▲ 对焦点在中间的财神爷玩偶上，但由于另外两个玩偶与其在同一个焦平面上，因此3个玩偶均是清晰的

▲ 对焦点仍然在中间的财神爷玩偶上，但由于另外两个玩偶与其不在同一个焦平面上，因此另外两个玩偶是模糊的

光圈对景深的影响

　　光圈是控制景深（背景虚化程度）的重要因素，在其他条件不变的情况下，光圈越大，景深越小；反之，光圈越小，景深越大。如果在拍摄时想通过控制景深来使自己的作品更有艺术效果，就要学会合理地使用大光圈和小光圈。

　　通过调整光圈值，可拍摄不同的对象或表现不同的主题。例如，大光圈主要用于人像摄影、微距摄影，通过模糊背景来有效地突出主体；小光圈主要用于风景摄影、建筑摄影、纪实摄影等，大景深可以让画面中的所有景物都能清晰地呈现出来。

　　下面是一组保持焦距为 70mm、感光度为 ISO125 不变，改变光圈大小以光圈优先模式拍摄得到的照片。

▲ 光圈：F11；快门速度：1/200s　　▲ 光圈：F10；快门速度：1/250s　　▲ 光圈：F9；快门速度：1/320s

▲ 光圈：F8；快门速度：1/400s　　▲ 光圈：F6.3；快门速度：1/500s　　▲ 光圈：F4；快门速度：1/640s

　　从这组照片中可以看出，当光圈从 F11 逐渐增大到 F4 时，画面的景深逐渐变小，画面背景处的花朵逐渐模糊。

焦距对景深的影响

　　当其他条件相同时，焦距越长，画面的景深越小，可以得到更明显的虚化效果；反之，焦距越短，则画面的景深越大，容易呈现前后景都清晰的画面效果。下面是一组保持光圈为 F2.8、快门速度为1/400s、感光度为 ISO200 不变，只改变焦距拍摄得到的照片。

▲ 焦距：24mm　　　　▲ 焦距：35mm　　　　▲ 焦距：50mm　　　　▲ 焦距：70mm

　　从这组照片中可以看出，当焦距由 24mm 变化到 70mm 时，主体花朵逐渐变大，同时背景的景深变小，虚化效果越来越好。

拍摄距离对景深的影响

在其他条件不变的情况下，拍摄者与被摄对象之间的距离越近，越容易得到小景深的虚化效果；反之，如果拍摄者与被摄对象之间的距离较远，则不容易得到虚化效果。

这一点在使用微距镜头拍摄时体现得更为明显，当镜头离被摄对象很近时，画面中的清晰范围就变得非常小。因此，在人像摄影中，为了获得较小的景深，经常采取靠近被摄对象拍摄的方法。

下面为一组在所有拍摄参数不变的情况下，只改变镜头与被摄对象间的距离拍摄得到的照片。

通过右侧展示的这组照片可以看出，当镜头距离前景处的玩偶越远时，其背景的虚化效果也越差。

背景与被摄对象的距离对景深的影响

在其他条件不变的情况下，画面中的背景与被摄对象的距离越远，越容易得到小景深的虚化效果；反之，如果画面中的背景与被摄对象位于同一个焦平面上，或者非常靠近，则不容易得到虚化效果。

右图所示为在所有拍摄参数都不变的情况下，只改变被摄对象与背景的距离拍出的照片。

通过右侧展示的这组照片可以看出，在镜头位置不变的情况下，随着前面的木偶距背景中的两个木偶越来越近，背景中的木偶虚化程度也越来越低。

设置快门速度控制曝光时间

快门与快门速度的含义

　　简单地说，快门的作用就是控制曝光时间的长短。在按下快门按钮时，从快门前帘开始移动到后帘结束所用的时间就是快门速度，这段时间实际上就是相机感光元件的曝光时间。所以以快门速度决定了曝光时间的长短，快门速度越快，曝光时间就越短，曝光量也越少；快门速度越慢，曝光时间就越长，曝光量也越多。

快门速度的表示方法

　　快门速度以秒为单位，一般入门级及中端微单相机的快门速度范围为 1/4000s ~ 30s，而专业或准专业相机的最高快门速度则达到了 1/8000s，可以满足更多题材和场景的拍摄要求。作为尼康全画幅微单相机的尼康 Z8，其最高的快门速度为 1/32000s。

　　常用的快门速度有 30s、15s、8s、4s、2s、1s、1/2s、1/4s、1/8s、1/15s、1/30s、1/60s、1/125s、1/250s、1/500s、1/1000s、1/4000s 等。

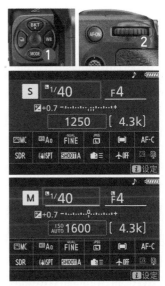

▶ 操作方法

　　按住 MODE 按钮并旋转主指令拨盘选择快门优先或手动模式。在快门优先或手动模式下，转动主指令拨盘可以选择快门速度

◀ 用 1/500s 的快门速度抓拍到了猫咪奔跑的动作。『焦距：70mm；光圈：F4；快门速度：1/500s；感光度：ISO200』

快门速度对曝光的影响

如前面所述，快门速度决定了曝光量，在其他条件不变的情况下，快门速度每变化一倍，曝光量也会变化一倍。例如，当快门速度由1/125s变为1/60s时，由于快门速度慢了一半，曝光时间增加了一倍，因此总曝光量也随之增加了一倍。从下面展示的一组保持光圈为F5、感光度为ISO125不变，只改变快门速度拍摄的照片中可以发现，在光圈与ISO感光度不变的情况下，快门速度越慢，则曝光时间越长，画面感光越充分，所以画面也越亮。

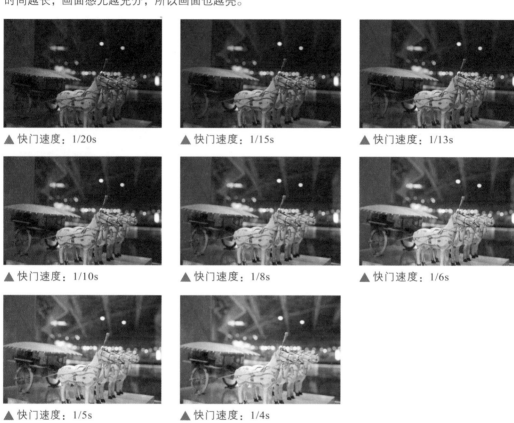

▲ 快门速度：1/20s　　　　▲ 快门速度：1/15s　　　　▲ 快门速度：1/13s

▲ 快门速度：1/10s　　　　▲ 快门速度：1/8s　　　　▲ 快门速度：1/6s

▲ 快门速度：1/5s　　　　▲ 快门速度：1/4s

通过这组照片可以看出，在其他曝光参数不变的情况下，随着快门速度逐渐变慢，进入镜头的光线不断增多，因此所拍摄出来的画面也逐渐变亮。

影响快门速度的三大要素

影响快门速度的要素包括感光度、光圈及曝光补偿，它们对快门速度的具体影响如下。

● 感光度：感光度每增加一倍（如从ISO100增加到ISO200），感光元件对光线的敏感度会随之增加一倍，同时快门速度会随之提高一倍。

● 光圈：光圈每提高一挡（如从F4增加到F2.8），快门速度可以提高一倍。

● 曝光补偿：曝光补偿每增加一挡，由于需要更长时间的曝光来提亮照片画面，因此快门速度将降低一半；反之，曝光补偿每降低一挡，由于照片不需要更多的曝光，因此快门速度可以提高一倍。

快门速度对画面效果的影响

快门速度不仅影响相机的进光量，还会影响画面的动感效果。当表现静止的景物时，快门速度的快慢对画面不会产生什么影响，除非摄影师在拍摄时有意摆动镜头；但当表现动态的景物时，不同的快门速度能够营造出不一样的画面效果。

右侧照片是在焦距、感光度都不变的情况下，将快门速度依次调慢所拍摄的。

对比这组照片可以看出，当快门速度较快时，水流被定格成相对清晰的影像，但当快门速度逐渐降低时，水流在画面中渐渐产生模糊的效果。

由此可见，如果希望在画面中凝固运动着的被摄对象的精彩瞬间，应该使用高速快门。被摄对象的运动速度越快，采用的快门速度也要越快，以便在画面中凝固运动的对象，形成一种时间突然停滞的静止效果。

如果希望在画面中表现运动着的拍摄对象的动态模糊效果，可以使用低速快门，使其在画面中形成动态模糊效果，从而较好地表现出生动的效果。按此方法拍摄流水、夜间的车流轨迹、风中摇摆的植物、流动的人群等，都能够得到画面效果流畅、生动的照片。

▲ 光圈：F2.8；快门速度：1/80s；感光度：ISO50

▲ 光圈：F9；快门速度：1/8s；感光度：ISO50

▲ 光圈：F14；快门速度：1/3s；感光度：ISO50

▲ 光圈：F20；快门速度：0.8s；感光度：ISO50

▲ 光圈：F22；快门速度：1s；感光度：ISO50

▲ 光圈：F25；快门速度：1.3s；感光度：ISO50

▲ 采用高速快门定格在空中跳跃的女孩。『焦距：70mm；光圈：F5.6；快门速度：1/500s；感光度：ISO200』

▲ 采用低速快门记录夜间的车流轨迹。『焦距：28mm；光圈：F20；快门速度：30s；感光度：ISO100』

依据对象的运动情况设置快门速度

在设置快门速度时，应综合考虑被摄对象的运动速度、运动方向，以及摄影师与被摄对象之间的距离这 3 个基本要素。

被摄对象的运动速度

不同的照片表现形式，拍摄时所需要的快门速度也不尽相同。例如，抓拍物体运动的瞬间，需要使用较高的快门速度；如果是跟踪拍摄，对快门速度的要求则比较低。

▲ 坐着的猫处于静止状态，因此无须太高的快门速度。『焦距：35mm；光圈：F2.8；快门速度：1/200s；感光度：ISO100』

▲ 奔跑中的猫的运动速度很快，因此需要较高的快门速度才能将其清晰地定格在画面中。『焦距：200mm；光圈：F6.3；快门速度：1/640s；感光度：ISO400』

被摄对象的运动方向

如果从运动对象的正面拍摄（通常是角度较小的斜侧面），能够表现出对象从小变大的运动过程，所需的快门速度通常低于从侧面拍摄；只有从侧面拍摄才会感受到被拍摄对象真正的速度，拍摄时需要的快门速度更高。

▲ 从正面或斜侧面角度拍摄运动对象时，速度感不强。『焦距：70mm；光圈：F3.2；快门速度：1/1000s；感光度：ISO400』

▲ 从侧面拍摄运动对象时，速度感很强。『焦距：40mm；光圈：F2.8；快门速度：1/1250s；感光度：ISO400』

摄影师与被摄对象之间的距离

无论是身体靠近运动对象拍摄，还是使用镜头的长焦端拍摄，画面中的运动对象越大、越具体，运动速度就相对越高，拍摄时需要不停地移动相机。略有不同的是，如果是身体靠近运动对象拍摄，则需要较大幅度地移动相机；而使用镜头的长焦端拍摄，只要小幅度移动相机，就能保证被摄对象一直处于画面之中。

从另一个角度来说，如果将视角变得更广阔一些，就不用为了将运动对象融入画面中而费力地紧跟被摄对象。比如，使用镜头的广角端拍摄，就更容易抓拍到被摄对象运动的瞬间。

▲ 使用广角镜头抓拍到的现场整体气氛。『焦距：28mm；光圈：F9；快门速度：1/640s；感光度：ISO200 』

▶ 长焦镜头注重表现单个主体，对瞬间的表现更加明显。『焦距：400mm；光圈：F7.1；快门速度：1/640s；感光度：ISO200 』

常见快门速度的适用拍摄对象

以下是一些常见快门速度的适用拍摄对象，虽然在拍摄时并非一定要用快门优先曝光模式，但先对一般情况有所了解，才能找到最适合表现不同拍摄对象的快门速度。

快门速度（秒）	适用范围
B 门	适合拍摄夜景、闪电、车流等。其优点是摄影师可以自行控制曝光时间，缺点是如果不知道当前场景需要多长时间才能正常曝光，容易出现曝光过度或曝光不足的情况，此时需要摄影师多做尝试，直至得到满意的效果
1 ~ 30	在拍摄夕阳、天空仅有少量微光的日落后及日出前后时，都可以使用光圈优先曝光模式或手动曝光模式进行拍摄，很多优秀的表现夕阳的作品都诞生于这个曝光区间。使用 1 ~ 5s 的快门速度，也能够将瀑布或溪流拍摄出丝绸般的梦幻效果
1/2 ~ 1	适合在昏暗的光线下，使用较小的光圈获得足够的景深，通常用于拍摄稳定的对象，如建筑、城市夜景等
1/15 ~ 1/4	1/4s 的快门速度可以作为拍摄夜景人像的最低快门速度。该快门速度区间也适合拍摄光线较强的夜景，如明亮的步行街和光线较好的室内
1/30	在使用标准镜头或广角镜头拍摄风光、建筑室内时，该快门速度可以被视为拍摄时的最低快门速度
1/60	对于标准镜头而言，该快门速度可以保证在各种场合进行拍摄
1/125	该快门速度非常适合在户外阳光明媚时使用，同时也适合拍摄运动幅度较小的物体，如行走的人
1/250	适合拍摄中等运动速度的被摄对象，如游泳运动员、跑步的人或棒球队员等
1/500	该快门速度适合抓拍一些运动速度较快的对象，如行驶中的汽车、快速跑动中的运动员、奔跑的马等
1/4000 ~ 1/1000	该快门速度区间可以用于拍摄极速运动的对象，如赛车、飞机、足球运动员、飞鸟及瀑布飞溅出的水花等

善用安全快门速度确保不糊片

　　简单地说，安全快门是指人在手持相机拍摄时能保证画面清晰的最低快门速度。这个快门速度与镜头的焦距有很大关系，即手持相机拍摄时，快门速度应不低于焦距的倒数。比如，相机焦距为70mm，拍摄时的快门速度应不低于1/80s。这是因为人在手持相机拍摄时，即使被拍摄对象待在原地纹丝不动，也会因为拍摄者本身的抖动而导致画面模糊。

　　因此，如果以200mm焦距进行拍摄，其快门速度不应该低于1/200s。

▼ 虽然是拍摄静态的玩偶，但由于光线较弱，致使快门速度低于安全快门速度，所以拍摄出来的玩偶手中的酒瓶标签是比较模糊的。『光圈：F2.8；快门速度：1/50s；感光度：ISO200』

▲ 拍摄时提高了感光度，因此能够使用更高的快门速度，从而确保拍出来的照片很清晰。『焦距：100mm；光圈：F2.8；快门速度：1/160s；感光度：ISO800』

长时间曝光降噪

　　曝光时间越长，产生的噪点就越多，此时，可以启用"长时间曝光降噪"功能来减少画面中产生的噪点。

　　"长时间曝光降噪"菜单用于对快门速度低于 1s（或者说总曝光时间长于 1s）所拍摄的照片进行减少噪点处理，处理所需时长约等于当前曝光的时长。

高手点拨：一般情况下，建议将"长时间曝光降噪"设置为"ON"。但是在某些特殊条件下，比如在寒冷的天气拍摄，电池的电量消耗得很快，为了保持电池电量，建议关闭该功能。因为相机的降噪过程和拍摄过程需要大致相同的时间。

❶ 在**照片拍摄菜单**中点击**长时间曝光降噪**选项

❷ 点击使其处于 ON（开启）状态

Q：防抖功能是否能够代替较高的快门速度？

　　A：虽然在弱光条件下拍摄时开启防抖功能，允许摄影师使用更低的快门速度，但实际上防抖功能并不能代替较高的快门速度。要想获得高清晰度的照片，仍需要用较高的快门速度来捕捉瞬间动作。不管防抖功能多么强大，只有使用较高的快门速度才能清晰地捕捉到快速移动的被摄对象。

▲ 左图是未开启"长时间曝光降噪"功能拍摄的画面局部，右图是开启了"长时间曝光降噪"功能后拍摄的画面局部，可以看到右图中的杂色及噪点都明显减少了，但同时也损失了一些细节。

▶ 通过较长时间曝光拍摄的夜景照片。『 焦距：24mm；光圈：F14；快门速度：15s；感光度：ISO100 』

设置感光度控制照片品质

理解感光度

数码相机感光度的概念是从传统胶片的感光度引入的，用于表示感光元件对光线的敏感程度。即在相同的条件下，相机的感光度越高，获得光线的数量也就越多。但需要注意的是，感光度越高，画面产生的噪点就越多；而感光度越低，画面越清晰、细腻，细节表现较好。

▶ 操作方法

按住 ISO 按钮并旋转主指令拨盘，即可调节 ISO 感光度。也可以直接点击屏幕中红框所在的 ISO 图标来设定具体数值

◀ 利用低感光度拍出画质精细的人像摄影作品

ISO 感光度设置

除了使用 ISO 按钮快速设置 ISO 感光度，尼康 Z8 微单相机还可以在"照片拍摄菜单"的"ISO 感光度设定"中设置 ISO 感光度。

设置 ISO 感光度值

当需要改变 ISO 感光度时，可以在"ISO 感光度设定"菜单中进行设置。当然，按 ISO 按钮设置 ISO 感光度，这样操作起来更方便。

⬇ 设定步骤

❶ 在**照片拍摄菜单**中点击 **ISO 感光度设定**选项

❷ 选择 **ISO 感光度**选项

❸ 点击可选择不同的感光度值

自动 ISO 感光度

当对感光度要求不高时，可以将 ISO 感光度设定为由相机自动控制。即当相机检测到依据当前的光圈与快门速度组合无法满足曝光需求或可能曝光过度时，就会自动选择一个合适的 ISO 感光度值，以满足正确曝光的需求。

当选择"ISO 感光度自动控制"选项时，摄影师可以设定最大自动感光度值。例如，将最大感光度值设为 ISO6400，那么在拍摄时，相机就会在 ISO6400 以下范围内自动调整感光度。

⬇ 设定步骤

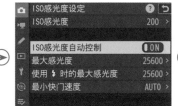 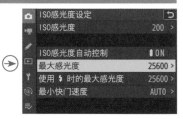

❶ 在**照片拍摄菜单**中点击 **ISO 感光度设定**选项

❷ 点击 **ISO 感光度自动控制**选项，使其处于 ON（开启）状态

❸ 开启此功能后，可以对"最大感光度""使用⚡时的最大感光度"和"最小快门速度"进行设定

高手点拨：若在"ISO感光度"中所选的感光度值高于"最大感光度"中所选的感光度值，"ISO感光度"所选的感光度值将用作ISO感光度自动控制的上限值。自动感光度适合在环境光线变化幅度较大的场合使用，如演唱会、婚礼现场等。在这种场合拍摄时，相机可以快速提高或降低感光度，从而拍出曝光合适的照片。如果是日常拍摄，自动ISO感光度控制功能比较实用。但是，如果希望拍出高质量的照片，则建议手动控制感光度。

▲ 在婚礼现场拍摄时，无论是在灯光昏黄的室内，还是在灯光明亮的宴会大厅，开启"ISO 感光度自动控制"功能后，都能得到相当不错的画面效果。

设置自动感光度时的最低快门速度

开启"ISO感光度自动控制"功能后,可以对"最大感光度""使用$时的最大感光度" "最小快门速度"3个选项进行设定。

● 最大感光度:选择此选项,可设置自动感光度的最大值。尼康Z8相机可以在ISO100~ISO102400范围中选择。

● 使用$时的最大感光度:选择此选项,可设置当使用闪光灯拍摄时,自动感光度的最大值。用户可以选择一个感光度值,也可以选择"与不使用闪光灯时相同"选项。

● 最小快门速度:选择此选项,当开启"ISO感光度自动控制"功能时,可以指定一个最低快门速度值,即当快门速度低于此值时,才由相机自动提高感光度值。通常这个快门速度应该是自己手持相机拍摄不糊片的最低快门速度,例如1/60秒。

▲ 建议将最低快门速度值设置为安全快门速度值,以保证画面的清晰度。『焦距:35mm;光圈:F4;快门速度:1/200s;感光度:ISO800』

设定步骤

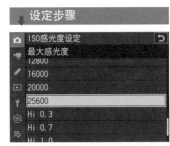

❶ 如果选择了**最大感光度**选项,点击可选择最大感光度数值

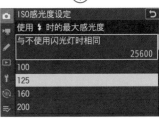

❷ 如果选择了**使用$时的最大感光度**选项,点击可选择闪光拍摄时的最大感光度值

❸ 如果选择了**最小快门速度**选项,点击选择自己能接受的最小快门速度值

ISO 与画质的关系

对于尼康 Z8，使用 ISO6400 以下的感光度拍摄，均能获得优秀的画质；在使用更高的感光度拍摄时，其画质比使用低感光度时拍摄的画质明显降低，但是可以接受。

如果从实用角度来看，使用 ISO6400 和 ISO12800 拍摄的照片都是细节完整、色彩生动的，只要不是放大到很大倍数查看，同使用较低感光度拍摄的照片并无明显差异。

下面是一组保持焦距为 45mm、光圈为 F8 不变，只改变感光度拍摄得到的照片。通过对比可以看出，随着感光度升高，快门速度越来越快，虽然照片的曝光量没有改变，但画面中的噪点逐渐增多。所以，除非需要提高快门速度，否则不建议使用过高的 ISO。

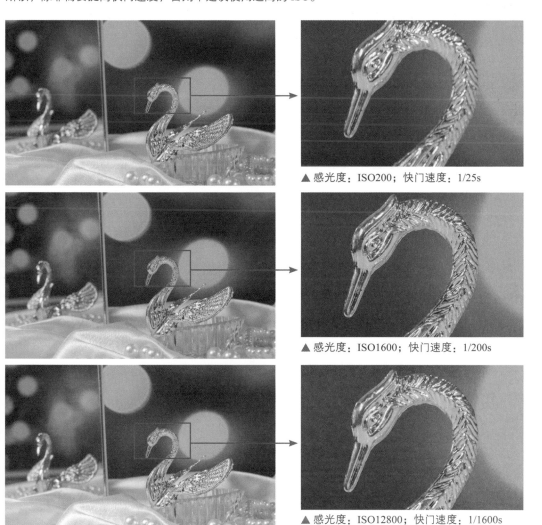

▲ 感光度：ISO200；快门速度：1/25s

▲ 感光度：ISO1600；快门速度：1/200s

▲ 感光度：ISO12800；快门速度：1/1600s

感光度对曝光效果的影响

在其他条件不变的情况下，感光度每增加一挡，感光元件对光线的敏感度会随之提高一倍，增加一倍的曝光量；反之，感光度每减少一挡，则曝光量减少一半。

下面是一组保持焦距为50mm、光圈为F7.1、快门速度为1.3s不变，只改变感光度拍摄得到的照片，可以看出在光圈、快门速度不变的情况下，随着ISO值增大，画面变得越来越亮。

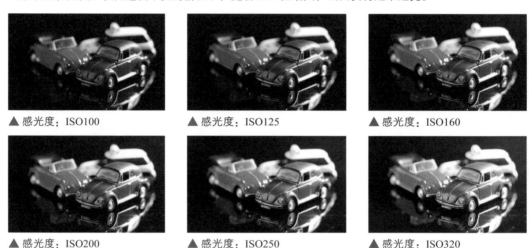

▲ 感光度：ISO100   ▲ 感光度：ISO125   ▲ 感光度：ISO160

▲ 感光度：ISO200   ▲ 感光度：ISO250   ▲ 感光度：ISO320

感光度的变化直接影响光圈或快门速度的设置。以F5.6、1/200s、ISO400的曝光组合为例，在保证被摄体正确曝光的前提下，如果要改变快门速度并使光圈数值保持不变，可以通过提高或降低感光度来实现，快门速度提高一倍（变为1/400s），则可以将感光度提高一倍（变为ISO800）。

如果要改变光圈值而保证快门速度不变，同样可以通过设置感光度来实现。例如，要增加两挡光圈（变为F2.8），则可以将ISO感光度数值降低1/4（变为ISO100）。

感光度的设置原则

感光度除了会对曝光产生影响，对画质也有着极大的影响。即感光度越低，画面越细腻；反之，感光度越高，越容易产生噪点、杂色，画质就越差。

在条件允许的情况下，建议采用尼康Z8微单相机基础感光度中的最低值，即ISO100，这样可以最大限度地保证照片具有较高的画质。

需要特别指出的是，使用相同的ISO感光度分别在光线充足与光线不足的环境中拍摄。在光线不足的环境中拍摄的照片会产生更多的噪点，如果此时再使用较长的曝光时间，那么就更容易产生噪点。因此，在弱光环境中拍摄时，更需要设置低感光度，并配合使用"高ISO降噪"和"长时间曝光降噪"功能来获得较高的画质。

当然，低感光度设置可能导致快门速度很低，手持拍摄很容易由于手的抖动而导致画面模糊。此时，应该果断提高感光度，即首先保证能够成功完成拍摄，然后再考虑高感光度给画质带来的损失。因为画质损失可以通过后期处理来弥补，而画面模糊则意味着拍摄失败，后期是无法补救的。

消除高 ISO 产生的噪点

　　感光度越高，照片产生的噪点也就越多，此时可以启用"高 ISO 降噪"功能来减少画面中的噪点，但需要注意的是，这样会失去一些画面细节。

　　在"高 ISO 降噪"菜单中包含"高""标准""低""关闭"4 个选项。选择"高"、"标准"或"低"选项，可以在任何时候执行降噪（不规则间距明亮像素、条纹或雾象），尤其对使用高 ISO 感光度拍摄的照片更有效；选择"关闭"选项，则不会对照片进行降噪。

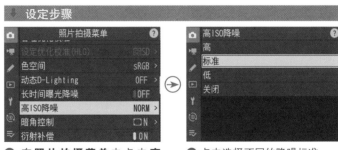

① 在 **照 片 拍 摄 菜 单** 中 点 击 高 **ISO 降噪**选项　　**②** 点击选择不同的降噪标准

高手点拨：对于喜欢采用 RAW 格式存储照片或喜欢连拍的摄影师，建议关闭该功能；对于喜欢直出照片或采用 JPEG 格式存储照片的摄影师，建议选择"标准"或"低"选项。

▶ 利用 ISO1600 高感光度拍摄并进行高 ISO 降噪后得到的照片效果。『焦距：35mm；光圈：F5；快门速度：1/40s；感光度：ISO1600』

▶ 左图是未开启"高 ISO 降噪"功能放大后的画面局部，右图是启用了"高 ISO 降噪"功能放大后的画面局部，可以看到画面中的杂色及噪点都明显减少，但同时也损失了一些细节

理解曝光四因素之间的关系

影响曝光的因素有4个：①照明的亮度；②感光度，即ISO值，ISO值越高，相机所需的曝光量越少；③光圈，更大的光圈能让更多的光线通过相机镜头；④曝光时间，也就是所谓的快门速度。下图所示为这4个因素之间的联系。

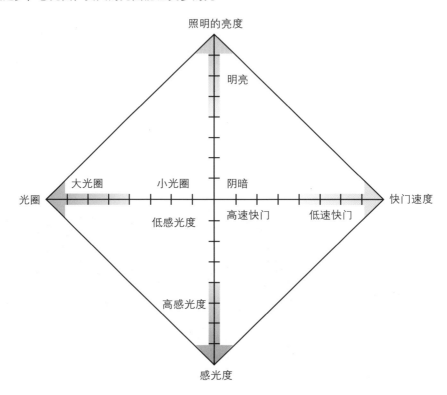

影响曝光的4个因素是一种互相牵引的四角关系，改变任何一个因素，均会对另外3个因素造成影响。例如，最直接的对应关系是"亮度—感光度"。当在较暗的环境中（亮度较低）拍摄时，就要使用较高的感光度，以增加相机感光元件对光线的敏感度，从而得到曝光正常的画面。

另一个直接的对应关系是"光圈—快门速度"。当用大光圈拍摄时，进入相机镜头的光量变多，因而便要提高快门速度，以避免照片过曝；反之，当缩小光圈时，进入相机镜头的光量变少，快门速度就要相应地降低，以避免照片欠曝。

下面进一步解释这4个因素的关系。

当光线较为明亮时，相机感光充分，因而可以使用较低的感光度、较高的快门速度或小光圈拍摄。

当使用高感光度拍摄时，相机对光线的敏感度提高，因此也可以使用较高的快门速度、较小的光圈拍摄。

当降低快门速度做长时间曝光时，则可以通过缩小光圈、使用较低的感光度，或者加中灰镜来得到正确的曝光。

因此，摄影师通常会先考虑调整光圈和快门速度，当调整光圈和快门速度都无法得到满意的效果时，才会调整感光度，最后考虑安装中灰镜或增加灯光给画面补光。

设置白平衡控制画面色彩

理解白平衡存在的重要性

　　无论是在室外的阳光下，还是室内的白炽灯光下，人眼都能将白色视为白色，将红色视为红色，这是因为肉眼能够自动修正光源变化造成的着色差异。实际上，当光源改变时，因这些光源的反射而被捕获的颜色也会发生变化，相机会精确地将这些变化记录在照片中，这样的照片在被校正之前看上去是偏色的。利用数码相机中的"白平衡"功能可以校正不同光源下色彩的变化，就像人眼一样，使偏色的照片得到校正。

　　值得一提的是，在实际应用时，也可以尝试使用"错误"的白平衡设置，从而获得特殊的画面色彩。例如，在拍摄夕阳时，如果使用荧光灯白平衡或阴影白平衡，则可以得到冷暖对比或带有强烈暖调色彩的画面，这也是白平衡的一种特殊应用方式。

　　尼康 Z8 相机共提供了 3 类白平衡设置，即预设白平衡、手调色温及自定义白平衡，下面分别讲解它们的功能。

预设白平衡

　　除了自动白平衡，尼康 Z8 相机还提供了☀A自然光自动适应、☀晴天、☁阴天、🏠背阴、☀白炽灯、🗏荧光灯及🅆⚡闪光灯 7 种预设白平衡，它们分别针对一些常见的典型环境，通过选择这些预设的白平衡可快速获得需要的设置。

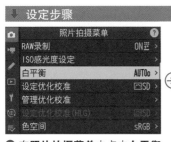

❶ 在**照片拍摄菜单**中点击**白平衡**选项

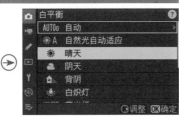

❷ 点击可选择不同的预设白平衡，然后点击OK确定图标确定

▶ 操作方法
按住 WB 按钮并旋转主指令拨盘，即可选择不同的白平衡模式。选择自动、荧光灯等白平衡模式，同时转动副指令拨盘，可以选择子选项

　　预设白平衡除了能够在特殊光线条件下获得准确的色彩还原，还可以制造出特殊的画面效果。例如，使用白炽灯白平衡模式拍摄阳光下的雪景会给人一种清冷的神秘感；使用阴影白平衡模式拍摄的人像画面会产生一种油画效果。

灵活运用 3 种自动白平衡

尼康 Z8 提供了 3 种自动白平衡模式，其中"保留暖色调颜色"自动白平衡模式能够较好地表现出在白炽灯下拍摄的效果，即在照片中保留灯光下的红色调，从而拍出具有温暖氛围的照片；而"保持白色（减少暖色）"自动白平衡模式可以抑制灯光中的红色，准确地再现白色。

而"保持总体氛围"自动白平衡模式则由相机自动调整画面的色调，以获得一个均衡的氛围效果。需要注意的是，3 种不同的自动白平衡模式只有在色温较低的场景中才能表现出来，在其他条件下，使用 3 种自动白平衡模式拍摄出来的照片效果是一样的。

❶ 在**照片拍摄菜单**中点击**白平衡**选项

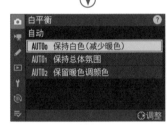

❷ 点击**自动**选项

▲ 选择"保持白色（减少暖色）"自动白平衡模式可以抑制灯光中的红色，拍摄出来照片中模特的皮肤会显得更白皙、好看一些。『焦距：35mm ┊ 光圈：F3.2 ┊ 快门速度：1/60s ┊ 感光度：ISO100』

❸ 点击选择所需的选项

◀ 使用"保留暖色调颜色"自动白平衡模式拍摄出来的照片暖调更明亮一些。『焦距：35mm ┊ 光圈：F3.2 ┊ 快门速度：1/60s ┊ 感光度：ISO100』

理解色温

在摄影领域，色温用于说明光源的成分，单位为"K"。例如，日出、日落时光的颜色为橙红色，这时色温较低，大约为3200K；太阳升高后，光的颜色为白色，这时色温较高，大约为5400K；阴天的色温还要高一些，大约为6000K。色温越高，则光源中所含的蓝色光越多；反之，色温越低，则光源中所含的红色光越多。下图展示了常见场景的色温值。

低色温的光趋于红、黄色调，其能量分布中红色调较多，因此通常又被称为"暖色"；高色温的光趋于蓝色调，其能量分布较集中，也被称为"冷色"。通常在日落时分，光线的色温较低，因此拍摄出来的画面偏暖，适合表现夕阳静谧、温馨的感觉。为了加强这种画面效果，可以叠加使用暖色滤镜，或者将白平衡设置成阴天模式。晴天、中午时分的光线色温较高，拍摄出来的画面偏冷，通常这时空气的能见度也较高，可以很好地表现大景深的场景。另外，冷色调的画面还可以很好地表现出冷清的感觉，在视觉上给人开阔的感觉。

蓝天、白雪的色温约为10000K

雨天、阴天的色温约为7000K

正午晴天的色温约为5000K

下午阳光的色温约为4500K

室内灯光的色温约为3400K

烛光的色温约为1800K

9000K
8000K
7000K
6000K
5000K
4000K
3000K
2000K
1000K

户外阴影的色温约为7500K

阴天的色温约为6500K

闪光灯的色温约为5500K

夕阳的色温约为3800K

家用电灯灯光的色温约为2800K

选择色温

为了满足复杂光线环境下的拍摄需求，尼康 Z8 相机为色温调整白平衡模式提供了 2500~10000K 的调整范围，并提供了一个色温调整列表，用户可以根据实际色温和拍摄要求进行精确调整。

大家可以通过两种操作方法来设置色温，第一种是通过菜单进行设置，第二种是通过机身按钮来操作。

实际上，每一种预设白平衡都对应着一个色温值，以下是不同预设白平衡模式所对应的色温值。了解不同预设白平衡所对应的色温值，有助于摄影师精确设置不同光线下所需的色温值。

▶ 操作方法
按住 WB 按钮同时转动主指令拨盘选择"选择色温"选项。然后转动副指令拨盘选择所需的色温值

 设定步骤

❶ 在**照片拍摄菜单**中点击**白平衡**选项，然后点击**选择色温**选项

❷ 点击选择数字框，按▲或▼方向键可以更改色温值

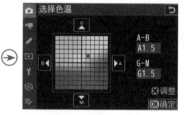
❸ 按 [Qɛ⊠] 按钮后，点击方向图标可以控制白平衡的色彩倾向

	选 项	色 温	说 明
自动	保持白色（减少暖色）	3500 ~ 8000K	相机自动调整白平衡以获得较好的色彩效果。在大多数光线下，色彩还原度都比较好
	保持总体氛围		
	保留暖色调颜色		
自然光自动适应		4500 ~ 8000K	在自然光线下使用此白平衡模式，照片色彩还原接近肉眼所见
白炽灯		3000K	在白炽灯照明环境中使用
荧光灯	冷白色荧光灯	4200K	在冷白色荧光灯照明环境中使用
	昼白色荧光灯	5000K	在昼白色荧光灯照明环境中使用
	白昼荧光灯	6500K	在白昼荧光灯照明环境中使用
晴天		5200K	在拍摄对象处于直射阳光下时使用
闪光灯		5400K	在使用内置或另购的闪光灯时使用
阴天		6000K	在白天多云时使用
背阴		8000K	在拍摄对象处于白天阴影中时使用

自定义白平衡

通过拍摄的方式自定义白平衡

尼康 Z8 相机还提供了一个非常方便的通过拍摄的方式来自定义白平衡的方法，其操作流程如下。

❶ 在 *i* 常用设定菜单中，将对焦模式设置为MF（手动对焦）方式，然后将一个中灰色或白色物体放在用于拍摄最终照片的光线下。

❷ 在 *i* 常用设定菜单中，使用多重选择器选择白平衡选项并按下OK按钮，在显示的界面中选择PRE（手动预设）选项并按▼方向键，在显示的界面选择所需白平衡预设（d-1至d-6），此处选择的是d-1，按下OK按钮确认后，返回 *i* 常用设定菜单。

❸ 在 *i* 常用设定菜单中，选中白平衡选项（确定当前选项是PRE1），然后按住OK按钮直至屏幕或控制面板中的PRE图标开始闪烁，并且所选对焦点上显示白平衡目标框□。

❹ 轻触屏幕中白色或灰色的物体，或者使用多重选择器使□处于屏幕中白色或灰色区域，然后按下OK按钮或快门按钮拍摄一张照片。

❺ 拍摄完成后，若测量成功，屏幕上会显示"已获取数据"，表示手动预设白平衡已完成，并且已被应用于相机。

❶ 切换至手动对焦模式

❷ 选择手动预设选项

❸ 选择 d-1 选项，按 OK 按钮

❹ 此时界面如上图所示

❺ 按住 OK 按钮直至 PRE 图标开始闪烁

❻ 右上角 PRE 图标开始闪烁

❼ 按 OK 按钮获得自定义白平衡数据，然后按 *i* 按钮返回

从照片中复制白平衡

在尼康 Z8 相机中，可以将拍摄某一张照片时定义的白平衡复制到当前指定的白平衡预设中，这种功能被称为从照片中复制白平衡，是高端数码相机提供的功能。

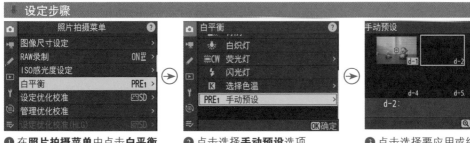

❶ 在**照片拍摄菜单**中点击**白平衡**选项

❷ 点击选择**手动预设**选项

❸ 点击选择要应用或编辑的白平衡预设（此处选择的是 d-2），然后点击[选择]图标

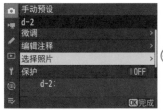

❹ 点击选择**选择照片**选项

❺ 点击选择用于复制白平衡的源图像，然后点击[OK确定]图标确定

▲ 通过白平衡复制功能将之前拍摄夕阳景象时的白平衡运用到选中的图像上，得到了偏紫色调的画面效果。

『 焦距：70mm ┊ 光圈：F5.6 ┊ 快门速度：1/250s ┊ 感光度：ISO1000 』

设置自动对焦模式以准确对焦

　　对焦是成功拍摄的重要前提之一，准确对焦可以让主体在画面中清晰呈现；反之，则容易出现画面模糊的问题，也就是所谓的"失焦"。

　　尼康 Z8 相机提供了 AF 自动对焦与 M 手动对焦两种模式，而 AF 自动对焦又可以分为 AF-S 单次伺服自动对焦、AF-C 连续伺服自动对焦及 AF-F 全时自动对焦（仅在视频拍摄模式下可用）3 种。选择合适的对焦方式，可以帮助我们顺利地完成对焦工作，下面分别讲解它们的使用方法。

▶ 操作方法
　　按住对焦模式按钮并旋转主指令拨盘选择所需的对焦模式

单次伺服自动对焦模式（AF-S）

　　单次伺服自动对焦在合焦（半按快门时对焦成功）之后即停止自动对焦，此时可以保持半按快门的状态重新调整构图，此自动对焦模式常用于拍摄静止的对象。

▲ 在拍摄静态对象时，使用单次伺服自动对焦模式完全可以满足拍摄需求

连续伺服自动对焦模式（AF-C）

　　选择此对焦模式后，当摄影师半按快门合焦后，保持快门的半按状态，相机会在对焦点中自动切换以保持对运动对象的准确合焦状态。如果在这个过程中主体位置或状态发生了较大的变化，相机会自动进行调整。这是因为在此对焦模式下，当摄影师半按快门释放按钮时，被摄对象靠近或离开了相机，则相机将自动启用预测对焦跟踪系统。这种对焦模式较适合拍摄运动中的鸟、昆虫、人等对象。

▲ 在拍摄奔跑中的小猫时，使用连续伺服自动对焦模式可以随着小猫的运动迅速改变对焦，以保证获得焦点清晰的画面。由于拍摄时使用了连拍模式，因此得到的是一组动作连续的照片。

　　Q：如何拍摄自动对焦困难的主体？

　　A：在某些情况下，直接使用自动对焦功能拍摄时对焦会比较困难，此时除了使用手动对焦方法，还可以按下面的步骤使用对焦锁定功能进行拍摄。

　　1.设置对焦模式为单次伺服自动对焦，将自动对焦点对焦在另一个与希望对焦的主体距离相等的物体上，然后半按快门按钮或副选择器中央部位。

　　2.因为半按快门按钮或副选择器中央部位时对焦已被锁定，因此可以将镜头转至希望对焦的主体上，重新构图后完全按下快门完成拍摄。

灵活设置自动对焦辅助功能

AF-C 模式下优先释放快门或对焦

"AF-C 优先选择"菜单用于控制采用 AF-C 连续伺服自动对焦模式时，每次按下快门释放按钮时都可拍摄照片，还是仅当相机清晰对焦时才可拍摄照片。

❶ 在**自定义设定**菜单中，点击 **a 对焦**中的 **a1 AF-C 优先选择**选项 　❷ 点击选择一个选项即可

● 释放：选择此选项，则无论何时按下快门均可拍摄照片。如果确认"拍到"比"拍好"更重要，例如，在突发事件的现场，或者记录不会再出现的重大时刻，可以选择此选项。

● 对焦＋释放：选择此选项，相机通常会优先释放，但若拍摄对象较暗或对比度较低，并且相机使用连拍释放模式，将优先确保连拍组图中首张照片对焦清晰。对于其余照片，无论是否合焦，都将优先释放。

● 对焦：选择此选项，则仅当显示对焦指示（●）时方可拍摄照片，但有可能出现在相机对焦的过程中，拍摄时机已经丧失的情况。

AF-S 模式下优先释放快门或对焦

与"AF-C 优先选择"菜单类似，"AF-S 优先选择"菜单用于控制采用 AF-S 单次伺服自动对焦模式时，每次按下快门释放按钮时都可拍摄照片，还是仅当相机清晰对焦时才可拍摄照片。

不同的是，无论选择哪个选项，当显示对焦指示（●）时，对焦将在半按快门释放按钮期间被锁定，并且对焦将持续锁定直至快门被释放。

❶ 在**自定义设定**菜单，点击 **a 对焦**中的 **a2 AF-S 优先选择**选项 　❷ 点击选择一个选项即可

● 释放：选择此选项，则无论何时按下快门释放按钮均可拍摄照片。由于在使用 AF-S 对焦模式时，相机仅对焦一次，因此，如果半按快门对焦后过一段时间再释放快门，则有可能由于被摄对象的位置发生了较大变化，导致拍摄出来的照片处于完全脱焦、虚化的状态。

● 对焦：选择此选项，则仅当显示对焦指示（●）时方可拍摄照片。

利用蜂鸣音提示对焦成功

蜂鸣音最常见的作用就是在对焦成功时发出清脆的声音，以便摄影师确认是否对焦成功。

除此之外，蜂鸣音在自拍时可被用于自拍倒计时提示。

↓ 设定步骤

❶ 在**设定菜单**中点击**照相机声音**选项

❷ 点击**蜂鸣音开启 / 关闭**选项

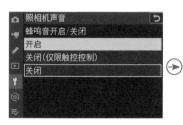

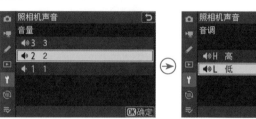

❸ 点击可选择是否开启蜂鸣音功能

❹ 若在步骤❷中选择**音量**选项，点击可选择音量的大小，然后点击[OK确定]图标确定

❺ 若在步骤❷中选择**音调**选项，点击可选择音调的高低，然后点击[OK确定]图标确定

高手点拨：建议选择开启该功能，这样不仅可以很好地帮助摄影师确认是否合焦，同时在自拍时也能起到较好的提示作用。

●蜂鸣音开启 / 关闭：选择此选项，可以设置开启或关闭蜂鸣音功能，或者在触摸控制时，关闭蜂鸣音功能。

●音量：选择此选项，可以设置蜂鸣音的音量大小，包含"3""2""1"3个选项。数值越小，则发出的蜂鸣音也越小。

●音调：选择此选项，可以设置蜂鸣音声调的"高"或"低"。

▲ 开启蜂鸣音功能后，能够起到提示对焦成功作用。『焦距：100mm ┊ 光圈：F4.5 ┊ 快门速度：1/125s ┊ 感光度：ISO640 』

利用内置 AF 辅助照明器辅助对焦

在弱光环境下，相机的自动对焦功能会受到很大的影响。此时，可以利用"内置AF辅助照明器"功能来提供简单的照明，以满足自动对焦对拍摄环境亮度的要求。

高手点拨：在不能使用 AF 辅助照明器照明时，如果难以对焦，可以挑选明暗反差较大的位置进行对焦。如果拍摄的是会议或体育比赛等不能被打扰的对象，应该关闭此功能。另外，此功能并不适用于所有镜头，因为某些体积较大的镜头会挡住 AF 辅助照明器。因此，当开启此功能但 AF 辅助照明器未发挥作用时，要检查是不是镜头遮挡了 AF 辅助照明器造成的。

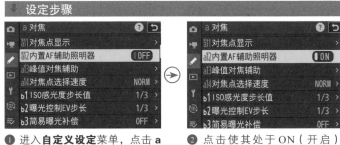

❶ 进入**自定义设定**菜单，点击 **a 对焦**中的 **a12 内置 AF 辅助照明器**选项

❷ 点击使其处于 ON（开启）状态

● ON：选择此选项，在 AF-S 单次伺服自动对焦模式下，当拍摄场景中的光线不足时，内置自动对焦辅助照明器会点亮以辅助自动对焦。

● OFF：选择此选项，则内置自动对焦辅助照明器不会被点亮以辅助对焦操作。当光线不足时，相机可能无法使用自动对焦功能。

Q：为什么在弱光下拍摄时，内置 AF 辅助照明器没有发出光线？

A：此功能仅当将对焦模式设置为 AF-S 单次伺服自动对焦模式时才生效。

触发 AF

在默认设置下，半按快门按钮可以执行自动对焦操作。如果不想半按快门进行自动对焦，可以通过"触发 AF"菜单进行修改。

● 快门 /AF-ON 按钮：选择此选项，半按快门释放按钮或 AF-ON 按钮时，相机进行自动对焦。

● 仅 AF-ON 按钮：选择此选项，半按快门释放按钮时相机不会对焦，只有按下 AF-ON 按钮或其他指定了 AF-ON 功能的按钮时，

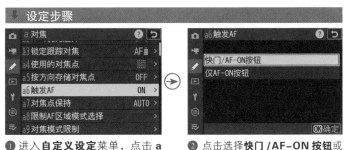

❶ 进入**自定义设定**菜单，点击 **a 自动对焦**中的 **a6 触发 AF** 选项

❷ 点击选择**快门 /AF-ON 按钮**或**仅 AF-ON 按钮**选项

才会执行自动对焦操作。当选择此选项并按▶方向键时可显示"失焦释放"选项。选择"启用"选项，每当按下快门释放按钮时即可拍摄照片；选择"禁用"选项，仅当相机自动对焦成功时才可以拍摄照片。

自动对焦区域模式

尼康 Z8 相机有高达数百个自动对焦点，为精确对焦提供了极大的便利。这些自动对焦点被分成为 6 种自动对焦区域模式，摄影师可以选择合适的自动对焦区域模式，以改变对焦点的数量及用于对焦的方式，从而满足不同的拍摄需求。

微点区域 AF

在此模式下，摄影师可以使用副选择器或点击屏幕选择自动对焦点，但此模式的对焦区域较小，因此适合进行很小范围内的对焦。如隔着笼子拍摄动物时，可能需要更小的对焦点对笼子里面的动物进行对焦。但也正是由于对焦区域小，因此在手持拍摄或移动对焦时，可能出现无法合焦的问题。

需要注意的是，此对焦区域模式仅在照片拍摄模式且对焦模式为 AF-S 单次伺服自动对焦模式时可用，而且对焦速度可能比单点区域 AF 慢。

▶ 操作方法 1

按住对焦模式按钮并旋转副指令拨盘选择所需的自动对焦区域模式

▶ 操作方法 2

按下 i 按钮显示常用设定菜单，使用多重选择器选择 AF 区域模式选项，然后转动主指令拨盘选择所需的自动对焦区域模式，也可以通过点击选项的方式进行设置

▲ 使用"微点区域 AF"模式，在对铁丝网后动物的眼睛进行对焦时，可以确保其精准度。『焦距：200mm ┊ 光圈：F5.6 ┊ 快门速度：1/250s ┊ 感光度：ISO400 』

Q：为什么需要选择不同的自动对焦区域模式？

A：如前所述，包括尼康 Z8 在内的微单相机均有高达数百个之多的对焦点，如果想让相机精确合焦，在选择自动对焦模式后，还要告诉相机用哪个区域的多少对焦点进行对焦。例如，有些小型被拍摄对象只有用少量对焦点才可以精确对焦。如果用大量对焦点对焦，由于其覆盖拍摄区域大，则对焦时有可能受到其他障碍对象的影响，导致对焦精度下降。所以，针对不同的拍摄题材，要选择合适的自动对焦区域模式，以精确指定合焦点的位置与数量。

单点区域 AF【ɪ】

在此对焦区域模式下，摄影师可以使用副选择器或点击屏幕选择对焦点，拍摄时相机仅对所选对焦点上的拍摄对象对焦。此对焦区域模式适合拍摄静止的对象，如人像、风光、花卉、静物和建筑等。

动态区域 AF（S/M/L）【ɪ:ɪ】

在此自动对焦区域模式下，相机会对用户所选择的自动对焦点对焦，若拍摄对象暂时偏离所选对焦点，则相机会自动使用周围的对焦点进行对焦。此模式仅在照片拍摄模式且对焦模式为 AF-C 连续伺服自动对焦模式时可用。

用于对焦的区域尺寸有 S（小）、M（中）和 L（大），当有时间进行构图或拍摄可预测运动轨迹的被摄对象，例如跑道上的赛跑运动员或赛车时，可以选择 S（小）选项；当拍摄不可预测运动轨迹的被摄对象，例如，足球场上的运动员时，可以选择 M（中）选项；当拍摄对象迅速移动，难以在所选对焦点进行构图时，例如鸟类，可以选择 L（大）选项。

宽区域 AF（S/L/C1/C2）【WIDE-S】

在宽区域对焦区域模式下，相机使用较宽的对焦点对画面进行对焦，同单点自动对焦区域模式一样，由用户选择自动对焦点的位置，然后相机对所选对焦点覆盖的区域对焦。

宽区域 AF（S）和宽区域 AF（L）之间的区别就是宽区域 AF（L）模式的对焦点要大一些。若对焦区域的大小和形状相当准确的话，可以使用宽区域 AF（C1）和宽区域 AF（C2）模式。当选择了这两种模式时，用户可以按◀或▶方向键选择对焦区域尺寸的宽度，按▲或▼方向键可以选择对焦区域尺寸的高度。

3D 跟踪

在 AF-C 连续伺服自动对焦模式下，将对焦点定位于被摄对象上，按下 AF-ON 按钮或者半按快门释放按钮，对焦就将开始跟踪在画面中移动的被摄对象，并根据需要选择新的对焦点。此自动对焦区域模式用于对从一端到另一端进行不规则运动的被摄对象（例如，网球选手）进行迅速构图。若被摄对象偏离取景器，可松开快门释放按钮，并将被摄对象置于所选对焦点重新构图。

自动区域 AF【▬】

在此自动对焦区域模式下，相机将自动侦测被摄对象并选择对焦点。

▲ 孩子们跳水的动作很快，适合使用自动对焦区域模式并启用对象跟踪功能拍摄。『焦距：70mm ¦ 光圈：F6.3 ¦ 快门速度：1/500s ¦ 感光度：ISO100』

设置自动对焦区域模式辅助功能

限制 AF 区域模式选择

虽然有 6 种自动对焦区域模式可用，但由于每个人的拍摄习惯与题材不同，因此有些模式可能几乎不会用到，此时可以在"限制 AF 区域模式选择"菜单中限定可选择的自动对焦区域模式，以加快操作。

❶ 进入**自定义设定**菜单，点击 **a 对焦**中的 **a8 限制 AF 区域模式选择**选项

❷ 点击勾选常用的自动对焦区域模式，选择完成后点击 **MENU完成** 图标确认

锁定跟踪对焦

"锁定跟踪对焦"菜单主要用于设定在 AF-C 模式下，当有物体从被拍摄对象与相机之间穿过时对焦的反应速度。

数值越高，相机反应越慢，原始被拍摄对象失焦的可能性就越小。

数值越低，相机的反应速度越快，这时相机则会更容易对焦在经过的物体上。

❶ 进入**自定义设定**菜单，点击 **a 对焦**中的 **a3 锁定跟踪对焦**选项

❷ 点击选择所需的选项，然后点击 **OK确定** 确认

▶ 在拍摄儿童题材时，可以将"锁定跟踪对焦"的数值设置得高一些。『焦距：200mm ┊ 光圈：F5.6 ┊ 快门速度：1/400s ┊ 感光度：ISO200』

手选对焦点

　　默认情况下，自动对焦点优先针对较近的对象进行对焦，因此当被摄对象不是位于前方，或者对焦的位置较为复杂时，自动对焦点通常无法满足我们的拍摄需求。此时，可以手动选择一个对焦点，从而进行更为精确的对焦。

　　除了"自动区域 AF"对焦区域模式，在其他自动对焦区域模式下，都可以通过按下多重选择器来调整对焦点的位置。

Q：图像模糊、不聚焦或锐度较低应如何处理？

A：当出现这些情况时，可以从以下 3 个方面进行检查。

1. 按下快门按钮时相机是否发生了移动？按下快门按钮时要确保相机稳定，尤其是在拍摄夜景或在黑暗的环境中拍摄时，快门速度应高于正常拍摄条件下的快门速度。尽量使用三脚架或遥控器，以确保拍摄时相机保持稳定。

2. 镜头和主体之间的距离是否超出了相机的对焦范围？如果超出了对焦范围，应该调整主体和镜头之间的距离。

3. 自动对焦点是否覆盖了主体？相机会对屏幕中自动对焦点覆盖的主体对焦。如果因为所处位置使自动对焦点无法覆盖主体，可以使用对焦锁定功能。

▶ 操作方法

在拍摄过程中，向上、向下、向左或向右按下多重选择器，可以调整自动对焦点的位置，也可以直接用手点击屏幕上要对焦的区域进行对焦操作。如果操作时显示"对焦点选择已锁定"信息，则要按下面的方法关闭"对焦点锁定"选项

▲ 手动选择对焦点对人物眼睛对焦，再配合大光圈拍摄，得到了人物清晰而背景虚化的漂亮画面。『焦距：50mm ┊光圈：F2 ┊快门速度：1/400s ┊感光度：ISO160』

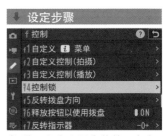

❶ 进入**自定义设定**菜单，点击 **f 控制** 中的 **f4 控制锁**选项

❷ 点击选择**对焦点锁定**选项，使其处于 OFF（关闭）状态

调整对焦点应对不同的拍摄题材

对焦点数量

虽然尼康 Z8 相机提供了数百个可选择的自动对焦点，但并非拍摄所有题材都需要使用这么多对焦点，摄影师可以根据实际拍摄需要选择可用的自动对焦点数量。

例如，在拍摄摆姿人像时，通常只用一个对焦点对人眼进行对焦，这时就可以减少对焦点的数量，以避免由于对焦点过多导致手选对焦点时过于复杂的问题。

❶ 进入**自定义设定**菜单，点击 **a 对焦**中的 **a4 使用的对焦点**选项

❷ 点击选择所需的选项

● 所有对焦点：选择此选项，在当前设定的自动对焦区域模式下，可用的每个对焦点都可以选择。

● 间隔对焦点：选择此选项，除了微点 AF 区域模式，在其他对焦区域模式下，可用的对焦点数量减少 1/4，以便用户快速选择对焦点。

对焦点循环方式

当使用多重选择器手选对焦点时，可以通过"对焦点循环方式"菜单控制对焦点循环的方式，即可控制当选择最边缘的一个对焦点时，再次按下多重选择器的方向键，对焦点将如何变化。

❶ 进入**自定义设定**菜单，点击 **a 对焦**中的 **a10 对焦点循环方式**选项

❷ 点击使其处于 ON（开启）状态

● ON：选择此选项，则选择对焦点时可以按从上到下、从下到上、从右到左及从左到右的顺序进行循环。例如，屏幕右边缘处的对焦点被加亮显示时，按下▶方向键可选择屏幕左边缘相应的对焦点。

● OFF：选择此选项，当对焦点位于屏幕中最外部的对焦点上时，再次按下方向键，对焦点也不再循环。例如，在选定最右侧的一个对焦点时，即使按下▶方向键，对焦点也不会再移动。

对焦点显示

"对焦点显示"菜单用于设置拍摄期间，在手动对焦模式、AF-C 连续伺服对焦模式、动态区域对焦模式及 3D 跟踪对焦模式下，屏幕中对焦点的显示状态。

 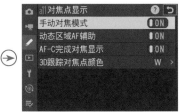 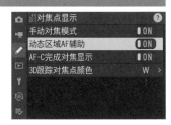

❶ 进入**自定义设定**菜单，点击 **a 对焦**中的 **a11 对焦点显示**选项

❷ 点击**手动对焦模式**选项，使其处于 ON（开启）状态

❸ 点击**动态区域 AF 辅助**选项，使其处于 ON（开启）状态

❹ 点击 **AF-C 完成对焦显示**选项，使其处于 ON（开启）状态

❺ 点击 **3D 跟踪对焦点颜色**选项

❻ 点击选择**白色**或**红色**选项

- 手动对焦模式：选择"ON"选项，可以在手动对焦模式下显示当前对焦点；若选择"OFF"选项，则仅在对焦点选择期间显示对焦点。

- 动态区域 AF 辅助：选择"ON"选项，可以在动态区域 AF 模式下同时显示所选对焦点和周围辅助的对焦点；若选择"OFF"选项，则仅显示所选的单个对焦点。

- AF-C 完成对焦显示：选择"ON"选项，相机判断对被摄对象清晰对焦时，对焦点显示为绿色；若选择"OFF"选项，无论是否清晰对焦，当前对焦点始终显示为红色或黄色。

- 3D 跟踪对焦点颜色：当对焦区域模式为"3D 跟踪"时，可以在此设置对焦点的显示颜色为"白色"或"红色"。

▶ 在手动对焦模式下，开启对焦点显示可以更直观地了解对焦。『焦距：105mm ┊光圈：F5 ┊快门速度：1/640s ┊感光度：ISO100』

按方向存储对焦点

在水平或垂直方向切换拍摄时，人们常常遇到的一个问题就是，在切换至不同的方向时，会使用不同的自动对焦点。在实际拍摄时，如果每次切换拍摄方向都重新指定对焦点无疑非常麻烦。

利用"按方向存储对焦点"功能，可以实现在不同的拍摄方向拍摄时相机自动切换到之前存储的对焦点上。

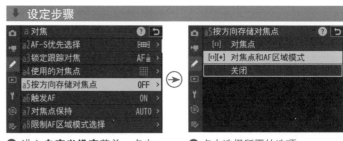

⬇ **设定步骤**

a 对焦		
a1 AF-S优先选择		
a2 锁定跟踪对焦	AF	>
a4 使用的对焦点		>
a5 按方向存储对焦点	OFF	
a6 触发AF	ON	
a7 对焦点保持	AUTO	>
a8 限制AF区域模式选择		>

a5 按方向存储对焦点		
对焦点		
对焦点和AF区域模式		
关闭		

❶ 进入**自定义设定**菜单，点击 **a 对焦**中的 **a5 按方向存储对焦点** 选项

❷ 点击选择所需的选项

● 对焦点：选择此选项，可以在屏幕上分别选择3个方向的对焦点，并且在后续的拍摄中，当相机切换到该方向时，自动切换到所选对焦点的位置，以简化拍摄时切换对焦点的操作。

● 对焦点和AF区域模式：选择此选项，不仅可以分别选择3个方向的对焦点，还可以分别选择对焦区域模式。

● 关闭：选择此选项，不管使用什么方向拍摄，相机都不会改变对焦点的位置。

▲ 选择"对焦点"选项，当相机逆时针旋转90°时自动对焦点的位置

▲ 选择"对焦点"选项，当相机为风景（横向）方向时自动对焦点的位置

▲ 选择"对焦点"选项，当相机顺时针旋转90°时自动对焦点的位置

▲ 选择"否"选项，当相机逆时针旋转90°时自动对焦点的位置

▲ 选择"否"选项，当相机为风景（横向）方向时自动对焦点的位置

▲ 选择"否"选项，当相机顺时针旋转90°时自动对焦点的位置

手动对焦实现自主对焦控制

　　如果在摄影中遇到下面的情况，相机的自动对焦系统往往无法准确对焦，此时应该使用手动对焦功能。但由于摄影师的拍摄经验不同，拍摄的成功率也有极大的差别。

- 画面主体处于杂乱的环境中，例如拍摄杂草后面的花朵。
- 高对比、低反差的画面，例如拍摄日出、日落。
- 在弱光环境下进行拍摄，例如拍摄夜景、星空。
- 距离太近的题材，例如微距拍摄昆虫、花卉等。
- 主体被其他景物覆盖，例如拍摄动物园笼子里面的动物、鸟笼中的鸟等。
- 对比度很低的景物，例如拍摄蓝天、墙壁。
- 距离较近且相似程度又很高的题材，例如旧照片翻拍等。

▶ 操作方法

按下 𝒊 按钮显示常用设定菜单，使用多重选择器选择对焦模式选项，然后转动主指令拨盘选择手动对焦模式。也可以通过点击选项的方式进行设置，按住对焦模式按钮的同时转动主指令拨盘，也可以选择手动对焦模式

▶ 操作方法

将对焦点置于要对焦的对象上，转动镜头上的对焦环或控制环，直至对象清晰呈现为止。当对焦成功后，对焦点会显示为绿色并且屏幕上会显示 ● 图标。在对焦期间，可以按下 🔍 按钮，以更好地查看对焦情况

▲ 在微距摄影中，为了保证对焦准确，使用手动对焦模式将对焦点安排在昆虫的头部，可以确保主体的重要部分都是清晰的，从而使主体显得更加生动。『焦距：105mm ┊ 光圈：F8 ┊ 快门速度：1/320s ┊ 感光度：ISO100 』

峰值对焦辅助

峰值对焦是一种独特的辅助对焦显示功能，开启此功能后，在使用手动对焦模式进行拍摄时，如果被摄对象对焦清晰，则其边缘会出现标示色彩（通过"峰值对焦辅助加亮显示颜色"进行设定）轮廓，以方便拍摄者辨识。

在"峰值对焦辅助感光度"选项中可以设置轮廓增强显示的强弱程度，包含"3（高灵敏度）""2（标准）""1（低灵敏度）"3个选项，数值选项分别代表不同的强度，等级高，颜色标示就明显，判断为清晰对焦的范围越大。

通过"峰值对焦辅助加亮显示颜色"选项可以设置在开启轮廓增强功能时，在被摄对象边缘显示标示的色彩，有"红色""黄色""蓝色""白色"4种颜色选项。在拍摄时，需要根据被摄对象的颜色，选择与主体反差较大的色彩。

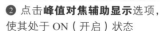

❶ 进入**自定义设定**菜单，点击**a 对焦**中的 **a13 峰值对焦辅助**选项

❷ 点击**峰值对焦辅助显示**选项，使其处于 ON（开启）状态

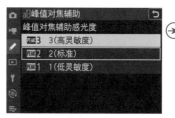
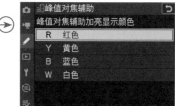

❸ 若在步骤❷界面中，选择了**峰值对焦辅助感光度**选项，在此界面中选择所需的选项

❹ 若在步骤❷界面中，选择了**峰值对焦辅助加亮显示颜色**选项，在此界面中选择所需颜色

高手点拨：在拍摄时，需要根据被摄对象的颜色，选择与主体反差较大的色彩。例如，在拍摄高调对象时，由于大面积为亮色调，所以不适合选择"白色"选项，而应该选择与被摄对象的颜色反差较大的红色。这个功能在上一代版本中称为"轮廓增强显示"。

▶ 在这张照片中，画面颜色以白色和蓝色居多，因此在拍摄时可以选择黄色或红色的轮廓颜色，以直观地查看对焦情况。『焦距：35mm │光圈：F3.2 │快门速度：1/160s │感光度：ISO200』

根据拍摄任务设置快门释放模式

选择快门释放模式

　　针对不同的拍摄任务，需要将快门设置为不同的释放模式。例如，要抓拍高速移动的物体，为了保证成功率，可以通过设置使相机能够在按下一次快门后，连续拍摄多张照片。

　　尼康 Z8 相机提供了 7 种快门释放模式，分别是单张拍摄⑤、低速连拍❑L、高速连拍❑H、高速画面捕捉 C30 ❑30、高速画面捕捉 C60 ❑60、高速画面捕捉 C120 ❑120，以及自拍⏱。下面讲解它们的使用方法。

● 单张拍摄⑤：每次按下快门即拍摄一张照片，适合拍摄静止的对象，如建筑、山水或动作幅度不大的对象（摆拍的人像、昆虫等）。

● 低速连拍❑L：若按住快门释放按钮不放，相机以所选每秒张数的速度连续拍摄，可以从 1fps 至 10fps 之间选择每秒拍摄张数。

● 高速连拍❑H：若按住快门释放按钮不放，相机以所选每秒张数的速度连续拍摄，可以从 10fps 至 20fps 之间选择每秒拍摄张数。

● 高速画面捕捉 C30 ❑30/C60 ❑60/C120 ❑120：按住快门释放按钮时，相机将以 30fps、60fps 或 120fps 的速度拍摄照片。

● 自拍⏱：可以按住❑(⏱)按钮同时旋转副指令拨盘选择自拍延迟时间，从而获得 2 秒、5 秒、10 秒和 20 秒的自拍延迟时间，特别适合自拍或合影时使用。在最后 2 秒时，相机的指示灯不再闪烁，且蜂鸣音变快。

▶ 操作方法
按住❑按钮并旋转主指令拨盘选择所需释放模式。当选择了连拍或自拍选项时，按住❑按钮并转动副指令拨盘可选择连拍时每秒拍摄的张数或自拍时的延迟时间

▼ 当拍摄静态题材时，使用单张拍摄模式即可。『焦距：135mm│光圈：F14│快门速度：1/20s│感光度：ISO500』

设置最多连拍张数

虽然可以使用高速或低速连拍快门释放模式，一次性拍出多张照片，但由于内存缓冲区是有限的，因此连续拍摄时所能拍摄的张数实际上也是有上限的。

要在相机内定的上限范围内设置一次最多连拍的张数，可以通过"最多连拍张数"菜单来实现。

在连拍模式下，可将一次最多能够连拍的照片张数设为"∞"（无限）或1至200之间的任一值。需要注意的是，无论选择了何种数值，当在S或M模式下将快门速度设置为1秒及更低时，一次连拍可拍摄的照片张数没有限制。

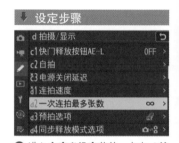

❶ 进入**自定义设定**菜单，点击 **d 拍摄/显示**中的 **d2 一次连拍最多张数**选项

❷ 点击▲或▼图标可选择不同的数值，然后点击 **OK确定**图标确认

Q：如何知道连拍操作时内存缓冲区（缓存）最多能够存储多少张照片？

A：数据写入存储卡的速度与拍摄速度并不是一致的，而是先写入缓存，再转存至存储卡中。因此，当缓存被占满后，即使按下快门释放按钮，也无法继续拍摄。按下快门释放按钮时，屏幕和控制面板中显示的剩余曝光次数中将出现当前设定下内存缓冲区可存储的照片数量。

缓存可容纳的照片数量与所设置的影像品质及文件大小有关，品质越高、文件越大，则可容纳的照片数量就越少。如果开启了降噪处理或动态D-Lighting功能，由于相机需要在缓存中对照片进行处理后才将其转存至存储卡中，因此也会减少缓存的容量。

当缓存正在存储数据时，下图中红圈所示的存取指示灯会亮起，直至数据完全保存至存储卡中为止。在此过程中，一定不要取出存储卡或电池，否则可能造成数据丢失。此时，即使关闭相机电源，相机也会将缓存中的数据处理完后再关闭电源。

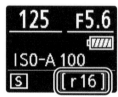

▲ 红色线框标出了当前可保存的连续拍摄照片数量

▲ 红色圆圈中就是存取指示灯

设置预拍选项

在拍摄野生动物、鸟类或儿童题材时，被摄对象常常会突然改变动作，使用一般的拍摄设置，通常无法及时做出反应。

尼康 Z8 相机的预拍功能，针对此类场景能够捕捉到以前可能会错失的转瞬即逝的画面。开启此功能后，半按快门释放按钮即可开始缓冲，相机会拍摄到完全按下快门按钮之前最多 1 秒，以及完全按下快门按钮之后最多 4 秒的画面，结合尼康 Z8 相机强大的自动对焦功能，能够将快速移动的瞬间变成清晰的照片。

不过此功能仅可以在将图像品质设置为 "JPEG 标准" 时使用，释放模式可以在高速画面捕捉 C30、C60 和 C120 之间选择。

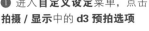

❶ 进入**自定义设定**菜单，点击 **d 拍摄 / 显示**中的 **d3 预拍选项**

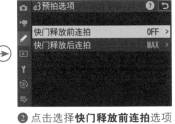

❷ 点击选择**快门释放前连拍**选项

❸ 点击选择所需的时间选项

❹ 若在步骤**❷**中选择**快门释放后连拍**选项，在此选择所需的时间选项

高手点拨：设置为高速画面捕捉 C60 模式时，图像区域仅限 DX 格式，得到的画面约 1900 万像素；设置为高速画面捕捉 C120 模式时，图像区域仅限 FX 格式，得到的画面约 1100 万像素。由于拍摄的照片张数较多，建议使用高速存储卡。

▲ 拍摄鸟类题材时，启用预拍功能，可以得到更多的精彩画面。

设置自拍选项

尼康 Z8 相机提供了较为丰富的自拍控制选项，可以设置拍摄时的延迟时间、自拍的张数和自拍的间隔。

在进行自拍时，可以指定一个从按下快门按钮起（准备拍摄）至开始曝光（开始拍摄）的延迟时间，其中包括"2 秒""5 秒""10 秒""20 秒"4 个选项。利用自拍延时功能，可以为被摄对象留出足够的时间，以便摆出想要拍摄的造型等。

例如，可以将"拍摄张数"设置为 5 张，将"拍摄间隔"设置为 3 秒，这样可以一次性自拍 5 张照片，由于每两张照片之间有 3 秒的间隔时间，足以摆出不同的姿势。

设定步骤

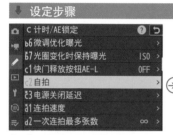

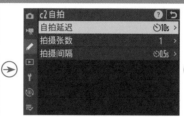

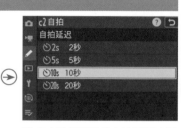

① 进入**自定义设定**菜单，点击 **c 计时 /AE 锁定**中的 **c2 自拍**选项

② 点击选择**自拍延迟**选项

③ 点击选择所需的自拍延迟时间

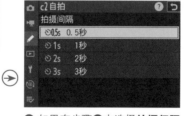

高手点拨：摄影师要重视"拍摄张数"参数，因为在自拍团体照时，通常会出现某些人没有笑容、某些人闭睛的情况，将此数值设置得高一些，能够增加后期挑选照片的余地。

④ 如果在步骤❷中选择**拍摄张数**选项，此处可点击▲和▼图标选择要拍摄的照片数量，然后点击 **OK确定**图标确认

⑤ 如果在步骤❷中选择**拍摄间隔**选项，此处可点击选择拍摄张数超过 1 张时两次拍摄之间的间隔时间

◀ 利用"自拍延时"功能，摄影师可以较从容地跑到合影位置并摆好 Pose，等待相机完成拍摄，此功能非常适合拍摄合影。『焦距：35mm ┊光圈：F4 ┊快门速度：1/100s ┊感光度：ISO200 』

设置测光模式以获得准确曝光

要想获得准确的曝光，前提是必须做到准确测光。根据数码微单相机内置测光表提供的曝光数值进行拍摄，一般都可以获得准的曝光。但有时候也不尽然，例如，在环境光线较为复杂的情况下，数码相机的测光系统不一定能够准确识别，此时仍采用数码相机提供的曝光组合拍摄的话，就会出现曝光失误。在这种情况下，我们应该根据要表达的主题、渲染的气氛进行适当的调整，即按照"拍摄→检查→设置→重新拍摄"流程进行不断的尝试，直至拍出满意的照片为止。

在使用除 B 门以外的所有曝光模式拍摄时，都需要依据相应的测光模式确定曝光组合。例如，在光圈优先模式下，在指定了光圈及 ISO 感光度数值后，可根据不同的测光模式确定快门速度值，以满足准确曝光的需求。因此，选择一个合适的测光模式，是获得准确曝光的重要前提。

矩阵测光模式 ▣

当使用矩阵测光模式测光时，尼康 Z8 相机在测量所拍摄的场景时，不仅仅针对亮度、对比度进行测量，同时还把色彩、构图，以及与被摄对象之间的距离等因素也考虑在内。然后调用内置数据库资料进行智能化的场景分析，以保证得到最佳的测光结果。当主体和背景明暗反差不大时，使用矩阵测光模式一般可以获得准确的曝光，此模式最适合拍摄日常及风光题材的照片。

❶ 在**照片拍摄菜单**中，点击**测光**选项

❷ 点击选择所需的测光模式

▲ 整个场景的光线比较均匀，选择矩阵测光模式能使画面获得准确的曝光。
『焦距：240mm ┆ 光圈：F8 ┆ 快门速度：1/1000s ┆ 感光度：ISO100』

中央重点测光模式◉

　　在此测光模式下，虽然相机对整个画面进行测光，但会将较大的权重分配给画面中央区域。例如，当尼康Z8相机在测光后认为，适合画面中央位置的对象的曝光组合是F8、1/320s，而其他区域正确的曝光组合是F4、1/200s，由于位于中央位置对象的测光权重较大，因此最终相机确定的曝光组合可能是F5.6、1/320s，以优先照顾位于画面中央位置对象的曝光。

　　由于测光时能够兼顾其他区域的亮度，因此该模式既能实现画面中央区域的精准曝光，又能保留部分背景的细节。这种测光模式适合拍摄主体位于画面中央主要位置的场景，如人像、建筑物等。

▲ 人物处于画面的中心位置，使用中央重点测光可以使画面测光更准确。『焦距：35mm ┊光圈：F3.2 ┊快门速度：1/320s ┊感光度：ISO200 』

亮部重点测光模式⊡*

　　在亮部重点测光模式下，相机将针对亮部重点测光，优先保证被摄对象亮部的曝光是正确的，在拍摄如舞台上聚光灯下的演员、直射光线下浅色的对象时，使用此测光模式能够获得很好的曝光效果。

▶ 在拍摄T台走秀的照片时，使用亮部重点测光模式可以保证明亮的部分有丰富的细节。『焦距：28mm ┊光圈：F3.5 ┊快门速度：1/125s ┊感光度：ISO500 』

点测光模式

点测光是一种高级测光模式，相机只对以当前所选对焦点为中心约 4mm 的圈进行测光（约占画面比例的 1.5%），因此具有相当高的准确性。当主体和背景的亮度差异较大时，最适合使用点测光模式进行拍摄。

由于点测光的测光面积非常小，在实际使用时，一定要准确地将测光点（即对焦点）对准在要测光的对象上。这种测光模式是拍摄剪影照片的最佳测光模式。

此外，在拍摄人像作品时也常采用这种测光模式，将测光点对准人物的面部或皮肤其他位置，即可使人物的皮肤获得准确曝光。

▶ 使用点测光针对天空的中灰部进行测光，导致人物因曝光不足而呈剪影效果，在暖色天空的衬托下，显得更加简洁、生动。『焦距：70mm ┆光圈：F8 ┆快门速度：1/500s ┆感光度：ISO200』

改变中央重点测光区域大小

当使用中央重点测光模式测光时，重点测光区域圆的直径是可以修改的，从而改变测光面积。操作方法是选择"自定义设定"菜单中的"b5 中央重点区域"选项，可以将该测光区域圆的直径设为"小"、"标准"或"全画面平均"。

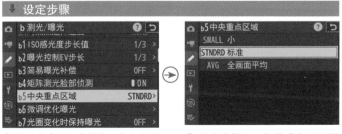

❶ 进入**自定义设定**菜单，点击 **b 测光 / 曝光**中的 **b5 中央重点区域**选项

❷ 点击选择**小、标准**或**全画面平均**选项

微调优化曝光

在摄影追求个性化的今天，有一些摄影师特别偏爱过曝或欠曝的照片，在他们的作品中几乎看不到正常曝光的画面。使用尼康 Z8 相机拍摄照片，可利用"微调优化曝光"菜单设置针对每一张照片都增加或减少的曝光补偿值。例如，可以设置在拍摄过程中只要相机使用了矩阵测光模式，则每张照片均在正常测光值的基础上再增加一定数值的正向曝光补偿。

该菜单中包含"矩阵测光""中央重点测光""点测光""亮部重点测光"4 个选项。对于每种测光模式，均可在 -1EV~ +1EV 之间以 1/6EV 步长为增量进行微调。

❶ 进入**自定义设定**菜单，点击 **b 测光 / 曝光**中的 **b6 微调优化曝光**选项

❷ 在 4 种测光模式中选择一种进行微调

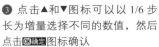

❸ 点击▲和▼图标可以以 1/6 步长为增量选择不同的数值，然后点击 OK确定 图标确认

高手点拨：可以根据自己的喜好来修改不同测光模式下需要增加或减少的曝光量。例如，在使用矩阵测光模式拍摄风光时，为了获得较浓郁的画面色彩，并在一定程度上避免曝光过度，通常会在正常测光的基础上降低0.3~0.7挡曝光补偿，此时可以使用此功能进行永久性的设置，而不用在每次使用该测光模式时都要重新设置曝光补偿。

灵活使用高级曝光模式

　　尼康 Z8 相机为希望自主控制画面效果的摄影师提供了程序自动、光圈优先、快门优先及全手动 4 种高级曝光模式，灵活地运用这 4 种高级曝光模式，几乎能够拍摄所有的常见题材。

程序自动模式（ P ）

　　在 尼康 Z8 相机的显示屏及控制面板上，程序自动模式显示为"P"。

　　当使用这种曝光模式拍摄时，光圈和快门速度由相机自动控制，相机会自动给出不同的曝光组合。此时，转动主指令拨盘可以在相机给出的曝光组合中进行自由选择。除此之外，白平衡、ISO 感光度、曝光补偿等参数也可以人为手动控制。

　　程序自动模式常用于拍摄新闻、纪实等需要抓拍的题材。在实际拍摄时，向右旋转主指令拨盘可获得模糊背景细节的大光圈(低 F 值）或"锁定"动作的高速快门曝光组合；向左旋转主指令拨盘可获得增加景深的小光圈（高 F 值）或模糊动作的低速快门曝光组合。此时，在相机屏幕上的模式图标边显示✳图标。

▶ 操作方法
按住 MODE 按钮并旋转主指令拨盘选择 P，即为程序自动曝光模式。在程序自动曝光模式下，可以转动主指令拨盘选择所需的曝光组合

Q：什么是等效曝光？

　　A：下面通过一个拍摄案例来说明这个概念。例如，当摄影师使用 P 挡程序自动模式拍摄一张人像照片时，相机给出的快门速度为 1/60s、光圈为 F8，但摄影师希望采用更大的光圈，以便提高快门速度。此时，就可以向右转动主指令拨盘，将光圈增加至 F4，即将光圈调大 2 挡，而在 P 挡程序自动模式下就能够使快门速度也提高 2 挡，从而达到 1/250s。1/60s、F8 与 1/250s、F4 这两组快门速度与光圈组合虽然不同，但可以得到完全相同的曝光效果，这就是等效曝光。

高手点拨：相机自动选择的曝光设置未必是最佳组合。例如，摄影师可能认为按此快门速度手持拍摄不够稳定，或者希望用更大的光圈。此时，可以利用尼康 Z8 相机的柔性程序。即在 P 模式下，在保持测定的曝光值不变的情况下，通过转动主指令拨盘来改变光圈和快门速度组合（即等效曝光）。

◀ 用程序自动模式来抓拍农家最真实的生活环境，画面给人一种情真意切的感觉。【焦距：50mm ┊光圈：F3.2 ┊快门速度：1/80s ┊感光度：ISO100 】

快门优先模式（ s ）

在快门优先模式下，用户可转动主指令拨盘从 1/32000~30s 范围内选择所需快门速度，然后相机会自动计算光圈的大小，以获得正确的曝光。

快门速度需要根据被摄对象的运动速度及照片的表现形式（即凝固瞬间的清晰还是带有动感的模糊）来确定。要定格运动对象的瞬间，应该用高速快门；反之，如果希望运动对象在画面中表现为模糊的线条，应使用低速快门。

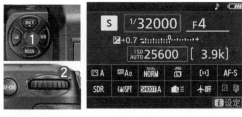

▶ 操作方法

按住 MODE 按钮并旋转主指令拨盘选择 S，即为快门优先曝光模式。在快门优先曝光模式下，转动主指令拨盘可以选择不同的快门速度

▼ 使用不同的快门速度拍摄海边的浪花，获得了不同的效果。

『焦距：200mm『光圈：F9『快门速度：1/800s『感光度：ISO320

『焦距：35mm『光圈：F5『快门速度：1/2s『感光度：ISO200

『焦距：24mm『光圈：F8『快门速度：5s『感光度：ISO200

光圈优先模式（A）

当使用光圈优先模式拍摄时，摄影师可以旋转副指令拨盘从镜头的最小光圈到最大光圈范围内选择所需光圈，相机会根据当前设置的光圈大小自动计算出合适的快门速度。

光圈优先是摄影中使用最多的一种拍摄模式，选择此模式，在尼康 Z8 相机的显示屏及控制面板上会显示"A"。使用该模式拍摄的最大优势是可以控制画面的景深，为了获得更准确的曝光效果，经常和曝光补偿配合使用。

高手点拨：当使用光圈优先模式拍摄照片时，可用以下两个技巧。
① 当光圈过大导致快门速度超出了相机极限时，如果仍然希望保持该光圈，可以尝试降低ISO感光度，或者使用中灰滤镜减少光线的进入量，以保证曝光准确；
② 当为了得到大景深而使用小光圈时，应该注意快门速度不能低于安全快门速度。

▶ 操作方法
按住 MODE 按钮并旋转主指令拨盘选择 A，即为光圈优先曝光模式。在光圈优先曝光模式下，转动副指令拨盘可以选择不同的光圈

◀ 在光圈优先模式下，为了保证画面有足够大的景深，而使用小光圈拍摄的花海。『焦距：18mm ┊光圈：F10 ┊快门速度：1/320s ┊感光度：ISO100』

◀ 使用光圈优先模式并配合大光圈拍摄，可以得到非常漂亮的背景虚化效果。『焦距：50mm ┊光圈：F3.2 ┊快门速度：1/500s ┊感光度：ISO100』

手动模式（M）

在手动模式下，相机的所有拍摄参数都由摄影师手动设置。使用 M 挡手动模式拍摄有以下优点。

首先，当使用 M 挡手动模式拍摄时，当摄影师设置好恰当的光圈、快门速度后，即使移动镜头进行再次构图，光圈与快门速度的数值也不会发生变化。这一点不像其他曝光模式，在测光后需要进行曝光锁定，才可以进行再次构图。

其次，当使用其他曝光模式拍摄时，往往需要根据场景的亮度，在测光后进行曝光补偿操作；而在 M 挡手动模式下，由于光圈与快门速度都由摄影师来设定，设定的同时就可以将曝光补偿考虑在内，从而省略了设置曝光补偿的过程。因此，在手动模式下，摄影师可以按自己的想法让影像曝光不足，以使照片显得较暗，给人忧伤的感觉；或者让影像稍微过曝，以拍摄出明快的高调照片。

另外，在摄影棚内使用频闪灯或外置的非专用闪光灯拍摄时，由于无法使用相机的测光系统，而需要使用闪光灯测光表或通过手动计算来确定正确的曝光值，此时就需要手动设置光圈和快门速度，从而获得正确的曝光。

▶ 操作方法

按住 MODE 按钮并旋转主指令拨盘选择 M，即为手动模式。在 M 挡手动模式下，转动主指令拨盘可以选择不同快门速度，转动副指令拨盘可以选择不同的光圈

◀ 在摄影棚内拍摄时，由于光线、背景不变，所以使用 M 挡手动模式并设置好曝光参数后，就可以把注意力集中在模特的动作和表情上，拍摄将变得更加轻松、自如。『焦距：85mm ┊ 光圈：F7.1 ┊ 快门速度：1/250s ┊ 感光度：ISO100』

在使用 M 挡手动模式拍摄时，显示屏和控制面板中可以显示电子模拟曝光，以反映出照片在当前设定下的曝光情况。根据在"自定义设定"菜单中选择的" b2 曝光控制 EV 步长"选项的不同，曝光不足或曝光过度的量将以 1/3EV、1/2EV、1EV 为增量进行显示。如果超过曝光测光系统的限制，该显示标志将会闪烁。

高手点拨：为了避免出现曝光不足或曝光过度的问题，尼康Z8相机提供了提醒功能，即在曝光不足或曝光过度时，可以在取景器或显示屏中显示曝光提示。

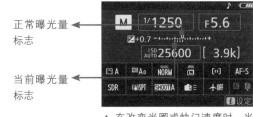

正常曝光量标志

当前曝光量标志

▲ 在改变光圈或快门速度时，当前曝光量标志会左右移动，当其位于标准曝光量标志的位置时，就能获得相对准确的曝光

将"曝光控制 EV 步长"设为 1/3 时电子模拟曝光显示信息		
	良好曝光	1/3EV曝光不足	3EV以上曝光过度
显示屏			
取景器/控制面板			

▲ 用 M 挡手动模式拍摄的风景照片，拍摄时不用考虑曝光补偿，也不用考虑曝光锁定，让电子模拟曝光显示信息中的光标对准"0"的位置，就能获得准确曝光。『焦距：24mm ┆ 光圈：F18 ┆ 快门速度：1/50s ┆ 感光度：ISO100』

B门模式

在使用 B 门模式拍摄时，持续完全按下快门按钮将使快门一直处于打开的状态，直到松开快门按钮时快门被关闭，即完成整个曝光过程，因此曝光时间取决于快门按钮被按下与被释放的过程。

由于使用这种曝光模式拍摄，可以持续地长时间曝光，因此特别适合拍摄光绘、天体、焰火等需要长时间曝光并手动控制曝光时间的题材。

需要注意的是，使用 B 门模式拍摄时，为了避免所拍摄的照片模糊，应该使用三脚架及遥控快门线辅助拍摄。若不具备条件，至少也要将相机放置在平稳的水平面上。

高手点拨：在使用B门模式且未用遥控器拍摄时，在"自定义设定"菜单中将"d4 曝光延迟模式"设置为"2秒"，可使相机在摄影师按下快门2秒后释放快门，从而避免因为按下快门按钮使机身抖动而导致照片模糊。

▶ 操作方法

先将曝光模式设置为 M 挡手动模式，然后向左转动主指令拨盘，直至显示屏显示的快门速度为 Bulb（B 门）

⬇ 设定步骤

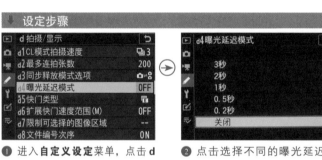

❶ 进入**自定义设定**菜单，点击 **d 拍摄 / 显示**中的 **d4 曝光延迟模式**选项

❷ 点击选择不同的曝光延迟时间，或者关闭曝光延迟模式

▼ 用 B 门模式拍摄夜幕下的城市烟花表演，将绽放的烟花定格在空中，加上璀璨的城市灯光，画面显得很夺目。『焦距：24mm ┊ 光圈：F20 ┊ 快门速度：20s ┊ 感光度：ISO100 』

Time 模式

　　Time 模式也是一种长曝光拍摄模式，与 B 门模式不同的是，它是按下快门按钮后开始曝光，再次按下快门按钮时结束曝光，而不用一直完全按下快门按钮。

　　为了保证画面的稳定性，同样建议使用三脚架及遥控快门线辅助拍摄。

▶ 操作方法

先将曝光模式设置为 M 挡手动模式，然后向左转动主指令拨盘，直至显示屏显示的快门速度为 Time（遥控 B 门）

▲ 光绘摄影需要较长时间的曝光，所以使用 Time 模式拍摄更方便。『焦距：35mm┊光圈：F16┊快门速度：25s┊感光度：ISO100 』

第 4 章

拍出佳片必须掌握的高级曝光技巧

通过直方图判断曝光是否准确

直方图的作用

直方图是相机曝光所捕获的影像色彩或影调的信息，是反映照片曝光情况的图示。

通过查看直方图所呈现的效果，可以帮助拍摄者判断曝光情况，并以此做出相应调整，以得到最佳曝光效果。另外，在拍摄时，通过直方图可以检测画面的成像效果，给拍摄者提供重要的曝光信息。

很多摄影爱好者都会陷入这样一个误区：显示屏上的影像很棒，便以为真正的曝光效果也会不错，但事实并非如此。

这是由于很多相机的显示屏还处于出厂时的默认状态，显示屏的对比度和亮度都比较高，令摄影师误以为拍摄到的影像很漂亮。倘若不看直方图，往往会感觉照片曝光正合适，但在计算机屏幕上观看时，却发现拍摄时感觉还不错的照片，暗部层次却丢失了，即使使用后期处理软件挽回部分细节，效果也不太好。

因此在拍摄时要随时查看照片的直方图，这是值得信赖的判断曝光是否正确的依据。

▲ 拍摄偏高调的照片时，利用直方图能够准确判断画面是否过曝。『焦距：70mm ┆ 光圈：F5 ┆ 快门速度：1/320s ┆ 感光度：ISO400』

▶ 操作方法
在机身上按下 ▶ 按钮播放照片，按 ▼ 或 ▲ 方向键或按 DISP 按钮切换到概览数据或 RGB 直方图界面

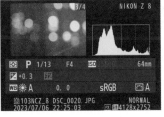

在相机中查看直方图

直方图的横轴表示亮度等级（从左至右分别对应黑与白），纵轴表示图像中各种亮度像素数量的多少，峰值越高，则表示这个亮度的像素数量就越多。

所以，拍摄者可通过观看直方图的显示状态来判断照片的曝光情况，若出现曝光不足或曝光过度的情况，调整曝光参数后再进行拍摄，即可获得一张曝光准确的照片。

当曝光过度时，照片上会出现死白的区域，画面中的很多细节都丢失了，反映在直方图上就是像素主要集中于横轴的右端（最亮处），并且出现像素溢出现象，即高光溢出，而左侧较暗的区域则无像素分布，故该照片在后期无法补救。

当曝光准确时，照片影调较为均匀，且高光、暗部或阴影处均无细节丢失，反映在直方图上就是在整个横轴上从最黑的左端到最白的右端

都有像素分布，后期可调整余地较大。

当曝光不足时，照片上会出现无细节的死黑区域，画面中丢失了过多的暗部细节，反映在直方图上就是像素主要集中于横轴的左端（最暗处），并且出现像素溢出现象，即暗部溢出，而右侧较亮区域少有像素分布，故该照片在后期也无法补救。

『焦距：180mm｜光圈：F5.6｜快门速度：1/500s｜感光度：ISO100』

▲ 直方图线条偏左且溢出，代表画面曝光不足

▲ 直方图右侧溢出，代表画面中高光部分曝光过度

▲ 曝光正常的直方图，画面明暗适中，色调分布均匀

在使用直方图判断照片的曝光情况时，不可死搬硬套前面所讲述的理论，因为高调或低调照片的直方图看上去与曝光过度或曝光不足照片的直方图很像，但照片并非曝光过度或曝光不足，这一点从下面展示的两张照片及其相应的直方图中就可以看出来。

因此，检查直方图后，要视具体拍摄题材和所要表现的画面效果灵活调整曝光参数。

▲ 拍摄带有大面积积雪的画面，直方图中的线条主要分布在右侧，但这幅作品是典型的高调效果，所以应与其他曝光过度照片的直方图区别看待。『焦距：18mm ┊ 光圈：F16 ┊ 快门速度：1/100s ┊ 感光度：ISO400』

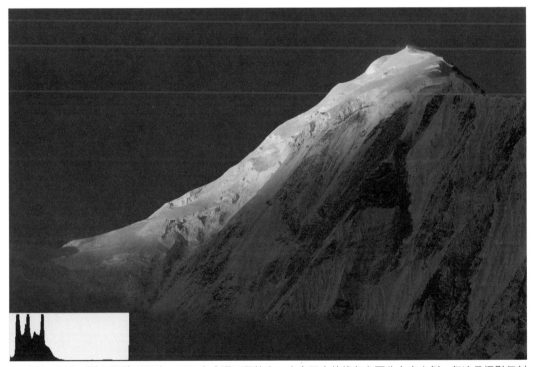

▲ 这是一幅典型的低调效果照片，画面中暗调面积较大，直方图中的线条主要分布在左侧，但这是摄影师刻意追求的效果，与曝光不足有本质上的不同。『焦距：200mm ┊ 光圈：F8 ┊ 快门速度：1/400s ┊ 感光度：ISO100』

设置曝光补偿让曝光更准确

曝光补偿的含义

相机的测光原理是基于18%中性灰建立的，数码相机的测光主要是由场景物体的平均反光率决定的。因为除了反光率比较高的场景（如雪景、云景）及反光率比较低的场景（如煤矿、夜景），其他大部分场景的反光率都在18%左右，而这一数值正是灰度为18%物体的反光率。因此，可以简单地将测光原理理解为当所拍摄的场景中被摄物体的反光率接近18%时，相机就会做出正确的测光。

所以，在拍摄一些极端环境，如较亮的白雪场景或较暗的弱光环境时，相机的测光结果就是错误的，此时就需要摄影师通过调整曝光补偿来得到正确的拍摄结果。

通过调整曝光补偿数值，可以改变照片的曝光效果，从而使拍摄出来的照片传达出摄影师的表现意图。例如，通过增加曝光补偿，使照片轻微曝光过度可以得到柔和的色彩与浅淡的阴影，使照片有轻快、明亮的效果；或者通过减少曝光补偿，使照片变得阴暗。在拍摄时，是否能够主动运用曝光补偿技术，是判断一位摄影师是否真正理解曝光的标准之一。

曝光补偿通常用类似"±nEV"的方式来表示。"EV"是指曝光量，"+1EV"是指在自动曝光的基础上增加1挡曝光；"-1EV"

▶ 操作方法
按住ⓏButton按钮，同时转动主指令拨盘，即可调整曝光补偿

是指在自动曝光的基础上减少1挡曝光，以此类推。尼康Z8相机的曝光补偿范围为-5.0~+5.0EV，可以以1/3EV为增量对曝光进行调整。

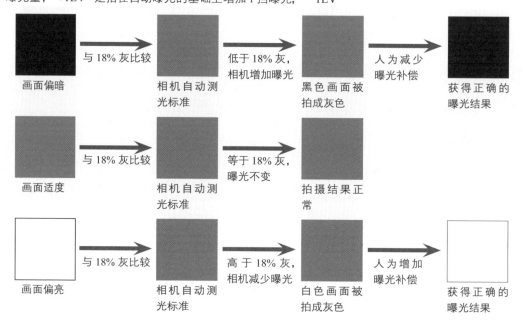

曝光补偿的调整原则

设置曝光补偿时应当遵循"白加黑减"的原则。例如，在拍摄雪景的时候一般要增加 1~2 挡曝光补偿，这样拍出的雪要白亮很多，更加接近人眼的观察效果；而在被摄主体位于黑色背景前或拍摄颜色比较深的景物时，应该减少曝光补偿，以获得较理想的画面效果。

除此之外，还要根据所拍摄场景中亮调与暗调所占的面积来确定曝光补偿的数值，亮调所占的面积越大，设置的正向曝光补偿值就应该越大；反之，如果暗调所占的面积越大，则设置的负向曝光补偿值就应该越大。

▲ 虽然这幅作品的主体是 3 只小鹿，但大面积的积雪却是主色调，拍摄时增加两挡曝光补偿可以使积雪显得更洁净，从而突出在黄金分割点上的小鹿。『焦距：60mm ┊ 光圈：F7.1 ┊ 快门速度：1/500s ┊ 感光度：ISO100』

▼ 在拍摄类似这幅照片的低调作品时，适当地减少曝光补偿可以渲染画面气氛，使作品更具视觉冲击力。『焦距：17mm ┊ 光圈：F13 ┊ 快门速度：2s ┊ 感光度：ISO100』

正确理解曝光补偿

　　许多摄影初学者在刚接触曝光补偿时，以为使用曝光补偿可以在曝光参数不变的情况下，提亮或压暗画面，实际上这是错误的。

　　实际上，曝光补偿是通过改变光圈或快门速度来提亮或压暗画面的。即在光圈优先曝光模式下，如果增加曝光补偿，相机实际上是通过降低快门速度来实现的；反之，则通过提高快门速度来实现。在快门优先曝光模式下，如果增加曝光补偿，相机实际上是通过增大光圈来实现的（当光圈达到镜头标示的最大光圈时，曝光补偿就不再起作用）；反之，则通过缩小光圈来实现。

　　下面通过两组照片及其拍摄参数来佐证这一点。

　　从下面展示的4张照片中可以看出，在光圈优先曝光模式下，改变曝光补偿实际上是改变了快门速度。

▲光圈：F3.2 快门速度：1/8s 感光度：ISO100 曝光补偿：-0.3　▲光圈：F3.2 快门速度：1/6s 感光度：ISO100 曝光补偿：0　▲光圈：F3.2 快门速度：1/4s 感光度：ISO100 曝光补偿：+0.3　▲光圈：F3.2 快门速度：1/2s 感光度：ISO100 曝光补偿：+0.7

　　从下面展示的4张照片中可以看出，在快门优先曝光模式下，改变曝光补偿实际上是改变了光圈大小。

▲光圈：F4 快门速度：1/4s 感光度：ISO100 曝光补偿：-0.3　▲光圈：F3.5 快门速度：1/4s 感光度：ISO100 曝光补偿：0　▲光圈：F3.2 快门速度：1/4s 感光度：ISO100 曝光补偿：+0.3　▲光圈：F2.5 快门速度：1/4s 感光度：ISO100 曝光补偿：+0.7

设置包围曝光实现多拍优选

使用包围曝光的方法一次能够拍摄出 3 张甚至多张曝光不同的照片，以实现多拍精选。如果自身技术水平有限、拍摄的场景光线复杂，建议多用这种曝光方法。

包围曝光功能及设置

使用尼康 Z8 相机可以实现自动曝光包围、白平衡包围、闪光包围及动态 D-Lighting 包围，这些包围功能可以通过"自动包围设定"菜单来控制。

当选择完包围功能后，通过"拍摄张数"和"增量"选项，可以设置拍摄数量和包围增量。以最常用的自动曝光包围为例，当将其"拍摄张数"设置为 3F、"增量"设置为 1.0 时，即分别拍摄减少一挡曝光、正常曝光和增加一挡曝光的 3 张照片。如果要取消包围曝光功能，将"拍摄张数"选项设置为 0 即可。

❶ 在**照片拍摄菜单**中点击**自动包围**选项

❷ 点击选择**自动包围设定**选项

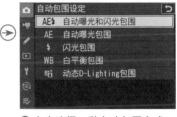

❸ 点击选择一种自动包围方式

❹ 若在步骤❷中选择了**拍摄张数**选项，点击◀和▶图标选择张数

❺ 若在步骤❷中选择了**增量**选项，点击◀和▶图标选择增量选项，设置完毕后，点击 OK确定 图标确认

▼ 在不确定要增加曝光还是减少曝光的情况下，可以设置 ±0.3EV 的包围曝光，连续拍摄得到 3 张曝光量分别为 +0.3EV、-0.3EV、0EV 的照片。其中，-0.3EV 的效果明显更好一些，在细节和曝光方面获得了较好的平衡。

为合成 HDR 照片拍摄素材

　　对于风光、建筑等题材的拍摄，使用包围曝光功能可以拍摄出不同曝光结果的照片，并且后期进行 HDR 合成，可以得到高光、中间调及暗调都具有丰富细节的照片。

高手点拨：在风光摄影中，可以使用这种方法先获得不同区域准确曝光的照片，然后在后期处理软件中进行HDR合成，最后可以得到高光、中间调及暗调细节都丰富的照片。为了获得更大的后期处理空间，建议将素材照片拍摄成为RAW格式。

使用 Camera Raw 合成 HDR 照片

　　虽然可以使用其他软件合成 HDR 照片，但应用最广泛的还是 Photoshop，下面讲解具体步骤。

❶在Photoshop中打开要合成HDR的4张照片，以启动Camera Raw软件。

❷ 在左侧列表中任意选中一张照片，按Ctrl+A组合键选中所有的照片。按Alt+M组合键，或者单击列表右上角的菜单按钮≡，在弹出的菜单中选择"合并到HDR"命令。

❸在"HDR合并预览"对话框中保持默认设置。

❹单击"合并"按钮，在弹出的对话框中选择保存文件的位置，并以默认的DNG格式进行保存。保存后的文件会与之前的素材一起显示在左侧的列表中。

❺至此，HDR合成就已经完成了。用户可根据需要，在其中适当调整曝光及色彩等属性，直至满意为止。

▲ 选择"合并到 HDR"命令

▲ "HDR 合并预览"对话框

自动包围（M 模式）

在 M 手动曝光模式下，将"自动包围设定"选项设置为"自动曝光和闪光包围"或"自动曝光包围"时，可以在此菜单中设置在进行包围曝光拍摄时，相机通过改变哪些参数来完成照片的曝光差异。

● 闪光 / 速度：选择此选项，在"自动曝光包围"模式下，相机改变快门速度来完成包围照片的曝光差异；在"自动曝光和闪光包围"模式下，相机则改变快门速度和闪光级别来完成包围照片的曝光差异。

● 闪光 / 速度 / 光圈：选择此选项，在"自动曝光包围"模式下，相机改变快门速度和光圈来完成包围照片的曝光差异；在"自动曝光和闪光包围"模式下，相机则改变快门速度、光圈和闪光级别来完成包围照片的曝光差异。

● 闪光 / 光圈：选择此选项，在"自动曝光包围"模式下，相机改变光圈来完成包围照片的曝光差异；在"自动曝光和闪光包围"模式下，相机则改变光圈和闪光级别来完成包围照片的曝光差异。

● 闪光 /ISO 感光度：选择此选项，在"自动曝光包围"模式下，相机改变 ISO 感光度来完成包围照片的曝光差异；在"自动曝光和闪光包围"模式下，相机则改变 ISO 感光度和闪光级别来完成包围照片的曝光差异。

● 仅闪光：选择此选项，在"自动曝光和闪光包围"模式下，相机仅改变闪光级别来完成包围照片的曝光差异。

❶ 进入**自定义设定**菜单，点击 **e 包围 / 闪光**中的 **e6 自动包围（M 模式）**选项

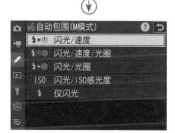

❷ 点击选择所需的选项

设置包围曝光顺序

"包围顺序"菜单用于设置自动包围曝光时曝光的顺序。选择一种顺序之后，拍摄时将按照这一顺序进行拍摄。在实际拍摄中，更改包围曝光顺序并不会对拍摄结果产生影响，用户可以根据自己的习惯进行调整。该设定对动态 D-Lighting 包围没有影响。

高手点拨：如何设定包围曝光顺序取决于个人习惯，为了避免曝光的跳跃性影响摄影师对包围曝光级数的判断，建议选择"不足＞正常＞过度"。

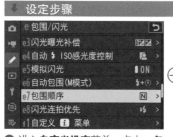

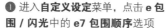

❶ 进入**自定义设定**菜单，点击 **e 包围 / 闪光**中的 **e7 包围顺序**选项

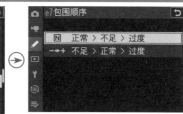

❷ 点击选择一种包围曝光的顺序

● 正常＞不足＞过度：选择此选项，相机会按照第一张标准曝光量、第二张减少曝光量、第三张增加曝光量的顺序进行拍摄。

● 不足＞正常＞过度：选择此选项，相机会按照第一张减少曝光量、第二张标准曝光量、第三张增加曝光量的顺序进行拍摄。

直接拍摄出精美的 HDR 照片

使用尼康 Z8 也可以直接拍摄 HDR 照片，其原理是分别拍摄增加曝光量及减少曝光量的图像，然后由相机进行合成，从而获得暗调与高光区域都能均匀显示细节的 HDR 照片。

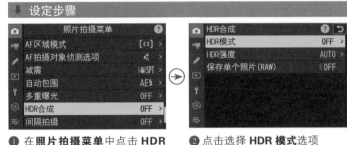

❶ 在**照片拍摄菜单**中点击 **HDR 合成**选项

❷ 点击选择 **HDR 模式**选项

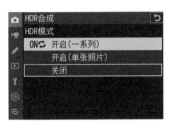

❸ 点击选择所需的选项

❹ 若在步骤❷中选择 **HDR 强度**选项，在此点击选择所需的强度选项

❺ 若选择**保存单个照片（RAW）**选项，点击使其处于 ON（开启）状态

● HDR 模式：用于设置是否开启及是否连续多次拍摄 HDR 照片。选择"开启（一系列）"选项，将一直保持 HDR 模式的打开状态，直至拍摄者手动将其关闭为止；选择"开启（单张照片）"选项，将在拍摄完成一张 HDR 照片后，自动关闭此功能；选择"关闭"选项，将禁用 HDR 拍摄模式。

● HDR 强度：用于控制 HDR 照片的强度。包括"自动""高+""高""标准""低"5 个选项。若选择了"自动"，照相机将根据场景自动调整 HDR 强度。

● 保存单个图像（RAW）：选择"ON"选项，则用于 HDR 图像合成的单张照片都被保存。无论将图像品质和尺寸设置为何种类型，照片都将被保存为 NEF（RAW）文件。选择"OFF"则不会保存单张照片，而只保存在相机中合成为 HDR 效果的照片。

光线复杂场景使用曝光锁定

曝光锁定，顾名思义是指将画面中某个特定区域的曝光值锁定，并以此曝光值对场景进行曝光。当光线复杂而主体不在画面中央位置的时候，需要先对主体进行测光，然后将曝光值锁定，再进行重新构图和拍摄。下面以拍摄人像为例讲解其操作方法。

❶ 使用长焦镜头或者靠近人物，使人物脸部充满画面，半按快门得到曝光参数，按下副选择器中央位置，这时相机上会显示 AE-L 指示标记，表示此时的曝光已被锁定。

❷ 保持按住副选择器中央位置的状态，通过改变相机的焦距或者改变和被摄者之间的距离进行重新构图后，半按快门对人物眼部对焦，合焦后完全按下快门完成拍摄。

在默认设置下，只有保持按下副选择器中央位置才锁定曝光，在重新构图时有时候显得不方便。此时，可以在"自定义控制（拍摄）"功能菜单中，将副选择器中央按钮或其他按钮的功能指定为"AE 锁定（保持）"或"AE 锁定（快门释放时解除）"选项。这样就可以按下副选择器中央位置或指定按钮以锁定曝光，当再次按下副选择器中央位置、指定按钮或快门释放按钮时即解除锁定曝光，摄影师可以更灵活、方便地改变焦距进行构图或切换对焦点的位置。

▶ 操作方法

按下相机背面的副选择器中央即可锁定曝光

▼ 设定步骤

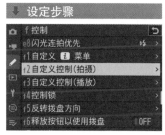

❶ 进入**自定义设定**菜单，点击 **f 控制**中的 **f2 自定义控制（拍摄）**选项

❷ 点击选择一个按钮选项，此处以选择 Fn1 按钮为例

❸ 点击选择 **AE 锁定（保持）**或 **AE 锁定（快门释放时解除）**选项

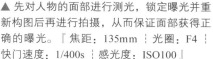

▲ 先对人物的面部进行测光，锁定曝光并重新构图后再进行拍摄，从而保证面部获得正确的曝光。『焦距：135mm ┆ 光圈：F4 ┆ 快门速度：1/400s ┆ 感光度：ISO100』

▲ 使用长焦镜头对人物面部测光示意图

利用多重曝光获得蒙太奇效果

利用多重曝光功能，可以融合 2~10 张照片形成带有特殊效果的照片，即分别拍摄 2~10 张照片，然后相机会自动将其融合在一起。多重曝光功能可以帮助人们轻松地实现蒙太奇式的图像合成效果。

开启或关闭多重曝光功能

"多重曝光模式"菜单用于控制是否启用多重曝光功能。选择"关闭"选项将关闭此功能，选择"开启（一系列）"选项，则连续拍摄多组多重曝光照片，选择"开启（单张照片）"选项，则拍摄完一组多重曝光图像后会自动关闭多重曝光功能。

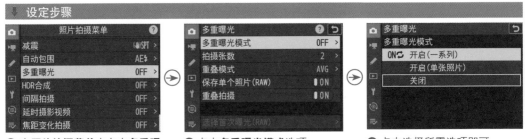

❶ 在**照片拍摄菜单**中点击**多重曝光**选项　❷ 点击**多重曝光模式**选项　❸ 点击选择所需选项即可

设置多重曝光次数

在"拍摄张数"菜单中，可以设置多重曝光拍摄时的曝光次数，可以选择 2~10 张进行拍摄。通常情况下，2~3 次曝光就可以满足绝大多数拍摄需求。

高手点拨：设置的张数越多，则合成的画面中产生的噪点也越多。

❶ 在**照片拍摄菜单**中点击**多重曝光**选项，然后点击**拍摄张数**选项　❷ 点击▲或▼图标选择所需的拍摄张数，然后点击 OK确定 图标确认

改变多重曝光照片的叠加合成方式

在"重叠模式"菜单中可以选择合成多重曝光照片时的算法，包括"叠加""平均""亮化""暗化"4 个选项。

● 叠加：选择此选项，做不做修改即合成曝光。

● 平均：选择此选项，则在曝光合成前，每次曝光的增益补偿为 1 除以所记录的总拍摄张数（如拍摄数量为 2，每张照片的增益补偿为 1/2；拍摄数量为 3，增益补偿为 1/3，以此类推）。

● 亮化：选择此选项，相机将比较每张照片中的像素，并使用最亮的像素。

● 暗化：选择此选项，相机将比较每张照片的像素，并使用最暗的像素。

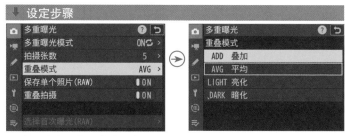

❶ 在**照片拍摄菜单**中点击**多重曝光**选项，再点击**重叠模式**选项

❷ 点击选择多重曝光的控制方式

保留单个照片（RAW）

在"保留单个照片（RAW）"菜单中，可以设置是保留所拍摄的一组多重曝光照片中的每一张，还是仅保留完成多重曝光后，最终合成出来的照片，所有保存的照片将以 RAW 格式保存。

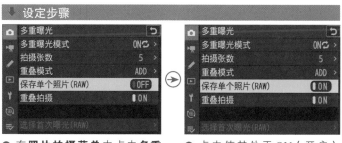

❶ 在**照片拍摄菜单**中点击**多重曝光**选项，再点击**保存单个照片（RAW）**选项

❷ 点击使其处于 ON（开启）状态

重叠拍摄

在"重叠拍摄"菜单中，若选择了"ON"选项，则在拍摄过程中，前一次拍摄的照片会显示在液晶显示屏中，并与当前构图取景相互叠加。

强烈建议开启此选项，以准确把握照片最终的合成效果。

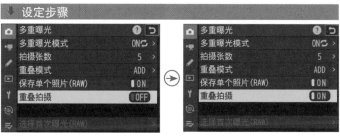

❶ 在**照片拍摄菜单**中点击**多重曝光**选项，再点击**重叠拍摄**选项

❷ 点击使其处于 ON（开启）状态

选择首次曝光（RAW）

在"选择首次曝光（RAW）"菜单中，允许摄影师从存储卡中选择一张RAW照片，然后通过拍摄的方式进行多重曝光，而选择的照片也会占用一次曝光次数。例如，在设置曝光次数为3时，除了从存储卡中选择的照片，还可以再拍摄两张照片用于多重曝光图像的合成。

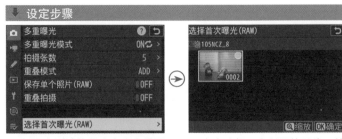

❶ 在**照片拍摄菜单**中点击**多重曝光**选项，然后点击**选择首次曝光（RAW）**选项

❷ 点击选择一张所需的照片，然后点击 OK确定 图标确认

使用多重曝光拍摄明月

使用"多重曝光"功能拍摄月亮的方法如下。

❶ 将"多重曝光模式"设置为"开启（一系列）"或"开启（单张照片）"。

❷ 将"拍摄张数"设置为2。

❸ 因为月亮较亮，因此需要保留月亮的亮部细节，所以将"重叠模式"设置为"亮化"。

❹ 设置完毕后，即可开始多重曝光拍摄。

❺ 第1张照片可以用镜头的中焦或广角端拍摄全景，当然画面中不要出现月亮图像，但要为月亮图像保留一定的位置，然后以较长时间的曝光完成拍摄，以得到较为准确的曝光结果。

❻ 在拍摄第2张照片时，可以使用长焦镜头或变焦镜头的长焦端，对月亮进行构图并拍摄。当然，在构图的时候，要注意结合上一张照片的构图，将月亮安排在合适的位置，并重新调整曝光参数进行拍摄。

▲ 第一次使用广角镜头拍摄大场景，第二次使用长焦镜头只对天空中的月亮进行拍摄，但要控制月亮的大小，太大会显得不自然，而太小又失去了多重曝光的意义

利用动态 D-Lighting 使画面细节更丰富

在拍摄光比较大的画面时容易丢失细节，当亮部过亮、暗部过暗或明暗反差较大时，启用"动态 D-Lighting"功能可以进行不同程度的校正。

例如，在直射明亮的阳光下拍摄时，拍出的照片中容易出现较暗的阴影与较亮的高光区域。启用"动态 D-Lighting"功能，可以确保所拍摄的照片中的高光和阴影部分不会丢失细节。因为此功能会使照片的曝光稍欠一些，有助于防止照

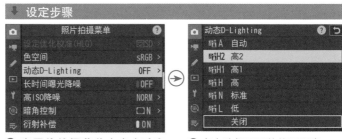

❶ 在**照片拍摄菜单**中点击**动态 D-Lighting** 选项　　❷ 点击选择不同的校正强度

片的高光区域完全变白而显示不出任何细节，同时还能够避免因为曝光不足而使阴影区域中的细节丢失。

该功能与矩阵测光模式一起使用时，效果最为明显。若选择了"自动"选项，相机将根据拍摄环境自动调整动态 D-Lighting。

▲ 通过对比开启和关闭"动态 D-Lighting"功能拍摄的照片可以看出，将"动态 D-Lighting"设为"高"拍摄的画面高光得到了抑制，阴影部分也得到了提亮。『焦距：135mm ┆光圈：F2.8 ┆快门速度：1/400s ┆感光度：ISO100 』

用智能手机操控相机

在智能手机上安装 SnapBridge

当使用智能手机遥控尼康 Z8 时，需要在手机中安装 SnapBridge（尼享）程序，SnapBridge 可在尼康照相机与智能设备之间建立双向无线连接，将使用相机所拍的照片下载至智能设备，也可以在智能设备上显示相机镜头视野，从而遥控相机。

大家可以从尼康官网或各应用市场中下载 SnapBridge 软件。

▲ SnapBridge
程序图标

连接 SnapBridge 软件前的设置

在与智能手机连接前，用户可以在"Wi-Fi 连接"菜单中查看当前设定，以便在连接时，能够准确地知道尼康 Z8 相机的 SSID 名称和密码。

❶ 在网络菜单中点击连接至智能设备选项　　❷ 点击 Wi-Fi 连接选项

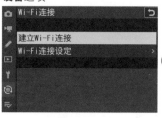　

❸ 点击选择建立 Wi-Fi 连接选项　　❹ 在此界面中，可以查看相机创建的 Wi-Fi 热点名称和密码

完成上述步骤的设置工作后，在这一步骤中需要启用智能手机的 Wi-Fi 功能，并接入尼康 Z8 的 Wi-Fi 网络。

❶ 开启智能手机的 Wi-Fi 功能，可看到相机的无线热点　　❷ 输入相机屏幕上的密码后，手机显示连接成功

在手机上查看及传输照片

　　完成前面的操作步骤后，从智能手机中启动 SnapBridge 软件，并开始与相机建立连接。通过 SnapBridge 软件，可以在智能手机上显示存储卡中的照片，用户可以查看并将其传输到手机中，从而实现即拍即分享。

设定步骤

① 与手机连接成功后，相机显示屏上将显示已建立与智能设备的连接

② 配对成功后将显示此界面，点击**下载照片**选项

③ 相机上的照片将以缩略图的形式显示，点击右上角的**选择**选项

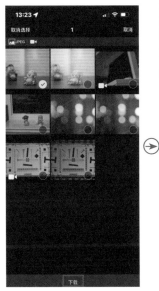

④ 勾选想要下载的照片，然后点击下方的**下载**选项

⑤ 点击选择下载尺寸，完成后即可开始下载照片

⑥ 进入正在下载照片界面，等待其传输完成后即可在手机相册中查看下载的照片了

用智能手机进行遥控拍摄

将尼康 Z8 相机与手机连接后，用户还可以遥控相机拍摄静态照片或录制视频。在手机与相机 Wi-Fi 连接有效的情况下，点击 SnapBridge 软件上的"遥控拍摄"选项，即可启动实时显示遥控功能，智能手机屏幕将实时显示画面。在照片拍摄模式下，还可以设置拍摄模式、光圈、快门速度、ISO、曝光补偿、白平衡模式等参数。

↓ 设定步骤

❶ 点击软件界面中的**遥控拍摄**选项

❷ 手机屏幕上将显示图像，点击红色框所在的图标可以拍摄照片，点击黄色框所在的图标可进入设置界面

❸ 在设置界面中，用户可以设定下载照片的文件大小、选择自拍功能并启用即时取景功能

❹ 在拍摄界面，可以对拍摄模式、曝光组合、曝光补偿、白平衡模式等常用参数进行设置

❺ 例如，点击快门速度图标，在上方列表中，可滑动选择所需的快门速度值

❻ 例如，点击白平衡图标，在上方列表中，可以滑动选择所需的白平衡模式

❼ 点击图中红色框所在的图标，可以切换为视频拍摄模式

❽ 点击下方中央的红色录制按钮，便可开始录制视频。此时，左上角会显示 REC 图标

第 5 章
镜头推荐及相关理论学习

镜头标志名称解读

通常镜头名称中会包含很多数字和字母，尼康 Z 系列镜头专用于尼康微单相机，采用了独立的命名体系，各数字和字母都有特定的含义，熟记这些数字和字母代表的含义，就能很快地了解一款镜头的性能。

▲尼克尔 Z 24-70mm F4 S

Z 24-70mm F4 S

❶　　❷　　❸　❹

❶ Z：代表此镜头适用于 Z 卡口微单相机。

❷ 24-70mm：代表镜头的焦距范围。

❸ F4：表示镜头所拥有最大光圈。光圈恒定的镜头采用单一数值表示，如尼克尔 Z 24-70mm F4 S；浮动光圈的镜头标出光圈的浮动范围，如尼克尔 Z 24-200mm F4-6.3 VR。

❹ S：是 S-Line 的缩写，是高质量 S 型镜头的意思。

镜头焦距与视角的关系

每款镜头都有其固有的焦距，焦距不同，拍摄视角和拍摄范围也不同，而且不同焦距下的透视、景深等特性也有很大的区别。例如，在使用广角镜头的 14mm 焦距拍摄时，其视角能够达到 114°；而使用长焦镜头的 200mm 焦距拍摄，其视角只有 12°。不同焦距镜头对应的视角如右图所示。

由于不同焦距镜头的视角不同，因此不同焦距镜头适用的拍摄题材也有所不同。比如焦距短、视角宽的镜头常用于拍摄风光；而焦距长、视角窄的镜头常用于拍摄体育比赛、鸟类等位于远处的对象。

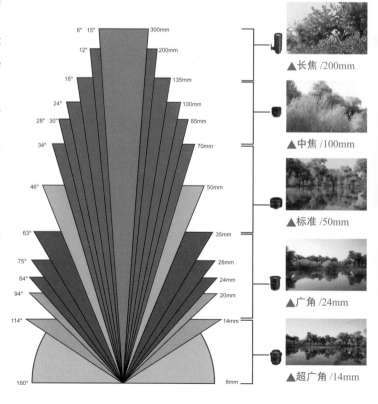

▲长焦 /200mm

▲中焦 /100mm

▲标准 /50mm

▲广角 /24mm

▲超广角 /14mm

定焦与变焦镜头

　　定焦镜头的焦距不可调节，它具有光学结构简单、最大光圈很大、成像质量优异等特点，在焦段相同的情况下，定焦镜头往往可以和价值数万元的专业镜头媲美。其缺点是由于焦距不可调节，机动性较差，不利于拍摄时进行灵活的构图。

　　变焦镜头的焦距可在一定范围内变化，其光学结构复杂、镜片数量较多，使得它的生产成本很高，少数恒定大光圈、成像质量优异的变焦镜头的价格昂贵，通常在万元以上。变焦镜头的最大光圈较小，能够达到恒定 F2.8 光圈就已经是顶级镜头了，当然在售价上也是"顶级"的。

　　变焦镜头的存在，解决了人们为拍摄不同的景别和环境时走来走去的难题，虽然在成像质量及最大光圈上与定焦镜头相比有所不及，但那只是相对而言的，在环境比较苛刻的情况下，变焦镜头确实能为人们提供更大的便利。

▲ 在这组照片中，摄影师只是在较小的范围内移动，就拍摄到了景别和环境完全不同的照片，这都得益于变焦镜头带来的便利

▲ 尼克尔 Z 24-70mm F2.8 S

认识尼康相机的3种卡口

　　尼康微单相机使用了全新的Z卡口。至此，尼康就拥有了数码微单、数码单反与可换镜头数码相机3个产品线，这3个产品线上的相机分别为Z卡口、F卡口和1卡口。

　　不同卡口的相机，需要使用不同卡口的镜头。其中，尼康全画幅单反相机使用F卡口中的AF-S系列镜头；尼康DX画幅单反相机可用F卡口中的AF-S和AF-S DX系列镜头；尼康可换镜头数码相机1系列可以使用1系列镜头；全画幅微单相机使用Z系列镜头，DX画幅微单相机使用Z卡口的DX系列镜头。

　　比如，AF-S尼克尔24-70mm F2.8E ED VR这款镜头，它可以同时在全画幅单反及DX画幅单反相机上使用；AF-S DX尼克尔16-85mm F3.5-5.6G ED VR这款DX镜头只能在DX画幅相机上使用；尼克尔Z 24-70mm F4 S这款镜头只能在全画幅微单相机上使用。

▲Z卡口镜头：尼克尔Z 24-70mm F4 S

▲F卡口镜头：AF-S尼克尔24-70mm F2.8E ED VR

▲F卡口DX镜头：AF-S DX尼克尔16-85mm F3.5-5.6G ED VR

▲Z卡口DX镜头：尼克尔Z DX 18-140mm F3.5-6.3 VR

◀通过Z系列镜头获得的画质均比较优秀。『焦距：50mm ┊光圈：F2 ┊快门速度：1/640s ┊感光度：ISO200』

Z 镜头的优点

截至 2023 年 7 月，尼康一共发布了 37 款 Z 卡口镜头，这些镜头具有以下优点。

▲ Z 50mm F1.8 S

更小的体积

Z 卡口镜头的卡口内径是 55mm，法兰距仅为 16mm（F 卡口法兰距为 46.5mm），加之微单相机没有反光板，因此可以大幅缩短镜头后端镜片到图像感应器的距离，提高了镜头设计的灵活性，可以使 Z 镜头体积更小巧，携带更方便。

丰富的功能

Z 卡口镜头搭载了丰富的功能，如控制环、L-Fn（镜头功能）按钮、镜头信息面板等。通过相机的菜单为控制环指定功能，被指定功能后的控制环可以实现对焦、光圈或曝光补偿设置，使得曝光控制操作更加方便。

▲ Z 卡口镜头信息面板

获得更高画质

尼康 Z 卡口镜头的大口径卡口，可以让光线入射后以垂直角度照顾到整个传感器，从而提升画面边缘的画质表现，而 16mm 的法兰距缩短了光线到达感光元件的"行程"，眩光、鬼影、彗差、色差、轴向和球面像差均大幅减少，从而可以获得更高画质。

更高效的操作性能

大直径 Z 卡口可加快镜头与相机之间的通信速度，从而提高整体性能。

Q：尼康 Z 卡口镜标志中的 S 是什么意思？

A：简单来说，S 型镜头是尼康 Z 系列中相对高端的镜头产品，有些类似于佳能的红圈与索尼的 G 大师镜头。因此，根据尼康的官方宣传，"S"代表了"优秀"（Superior）、特别（Special）、精确（Sophisticated）等，所以在制作 S 型镜头时，尼康采用了新的设计原则和质量控制标准，以确保镜头能够提供更高的分辨率、清晰度、锐化、背景虚化效果，以及更少的眩光、色差、畸变。

卡口适配器

如前所述，尼康微单相机用户只能使用 Z 卡口镜头，但考虑到很多老用户有不少 F 卡口镜头，因此，推出了卡口适配器。

当将卡口适配器安装在尼康微单相机上以后，就可以使用 F 卡口的系列镜头。

安装卡口适配器的尼康微单相机，可以转接带有自动曝光的 F 卡口系列镜头（包括 AI 镜头在内的近 360 款），支持 93 款 AF-P/AF-S/AF-I 镜头，可使用自动对焦和自动曝光进行拍摄。

安装适配器的方法是，将适配器的安装标记和相机上的安装标记对齐后，将其逆时针旋转直至卡入正确位置并发出咔嗒声。

然后将镜头安装标记和卡口适配器上的镜头安装标记对齐，逆时针旋转镜头，直至卡入正确位置并发出咔嗒声。

▲ 卡口适配器 FTZ II

▲ 卡口适配器安装示意图

Q：为什么只能购买尼康 Z 卡口？

A：与尼康单反相机可以使用大量第三方厂家的镜头不同，由于尼康微单系统镜头开发标准没有公开，目前第三方厂家无法开发出能够应用于尼康微单相机的镜头，因此目前只能选购尼康原厂 Z 卡口镜头，但未来不排除有放开的可能性。

◀ 利用卡口适配器，将长焦镜头安装到尼康微单相机上，便可以拍摄野生动物题材了。『焦距：400mm ┆光圈：F5 ┆快门速度：1/800s ┆感光度：ISO500』

标准及中焦镜头推荐

尼克尔 Z 50mm F1.8 S

　　50mm 焦段的定焦镜头是许多摄影爱好者购入的第一支定焦镜头，也是受到大多数摄影师推荐的高性价比镜头。由于 50mm 焦段的镜头用在全画幅相机上获得的视角接近于人眼的自然视野，因此 50mm 焦段的镜头也被称为标准镜头。

　　尼克尔 Z 50mm F1.8 S 是尼康发布的第一支 Z 卡口镜头，由此也不难看出，此镜头对于尼康微单系统的重要意义，因此在质量方面，基本不用怀疑，尼康拿出了足够的诚意。

　　但也正由于质量出色，这款镜头的价格达到了 4099 元，远超佳能 EF 50mm 1.8 的 1299 元与索尼 FE 50mm F1.8 的 2000 元。

镜片结构	9 组 12 片
光圈叶片数	9
最大光圈	F1.8
最小光圈	F16
最近对焦距离（cm）	40
最大放大倍率	1∶7
滤镜尺寸（mm）	62
规格（mm）	76×86.5
重量（g）	415

▼『焦距：50mm ┊ 光圈：F5 ┊ 快门速度：1/160s ┊ 感光度：ISO100』

尼克尔 Z 24-70mm F2.8 S

　　这款镜头是尼康Z卡口大三元镜头之一，通俗地说是尼康的"门面产品"，性能可靠，质量过硬。即便使用最大光圈，从图像的中心部分到外沿部分也都能保持较高的画质。

　　镜头采用两枚色差补偿效果优秀的低色散（ED）镜片与4枚具有多种像差补偿效果的非球面镜片，因此能够有效抑制鬼影和眩光。通过两组自动对焦（AF）用驱动单元联动，能够以微米单位精准控制两个对焦镜组的位置，尤其是对近距离像差的改善显著。在 24～70mm 的全焦距范围内，均能拍摄到高水准画质的照片和视频。

　　这款镜头上具有能够确认光圈值、拍摄距离与拍摄景深信息的镜头信息面板，因此摄影师无须观察取景器，即可确认各种信息，操作时只需按镜头上的 DISP 按钮，即可切换各种信息。镜头上还创新性地加入了控制环，通过相机设置可将改变光圈值与曝光补偿之中的一项功能交由控制环来执行，从而使摄影师在拍摄过程中，只需手动旋转控制环即可修改拍摄参数。

　　截至目前，这款镜头的价格为 15799 元。

镜片结构	15 组 17 片
光圈叶片数	9
最大光圈	F2.8
最小光圈	F22
最近对焦距离（cm）	38
最大放大倍率	0.22
滤镜尺寸（mm）	82
规格（mm）	89×126
重量（g）	805

尼克尔 Z 85mm F1.8 S

　　这款镜头是尼康发布的第一款 Z 卡口主攻人像拍摄的镜头，使用了尼康积累多年的人像镜头技术，从而使这只镜头无论是在分辨率、画质还是在背景虚化方面均有上佳表现。

　　通过采用纳米结晶涂层、两枚低色散（ED）镜片，即使在逆光下拍摄人像，也能有效抑制重影和眩光，清晰捕捉画面中太阳在身后的被摄对象。

　　由于采用多重对焦系统，因此焦平面上图像的锐度很高，无论是合焦处的睫毛还是细细的头发都根根分明，与精致的虚化背景形成了非常强烈的虚实对比。

　　与尼克尔 Z 50mm F1.8 S 一样，这款镜头也比佳能、索尼的 85mm F1.8 贵不少，也许这正是尼康的策略，通过较便宜的机身吸引一部分摄影爱好者，再通过较贵的镜头获得更多利润。

　　截至目前，这款镜头的价格为 5399 元。

镜片结构	8 组 12 片
光圈叶片数	9
最大光圈	F1.8
最小光圈	F16
最近对焦距离（cm）	80
最大放大倍率	0.12
滤镜尺寸（mm）	67
规格（mm）	75×99
重量（g）	470

长焦镜头推荐

尼克尔 Z 70-200mm F2.8 VR S

　　这款镜头是尼康 Z 卡口大三元镜头中的一只，发布时间较早，可以说承担了一部分尼康在微单相机领域崛起的重任，因此质量过硬，无论是拍摄照片还是拍摄视频，都提供了更好的画质与更少的色差、畸变。

　　此镜头结合具有高光学性能的多种镜片，例如新研发的蓝光高折射（SR）1 镜片、1 枚萤石镜片、6 枚低色散（ED）玻璃镜片和 2 枚非球面镜片，通过采用多重对焦系统，大大提高了镜头的光学性能。

镜片结构	18 组 21 片
光圈叶片数	9
最大光圈	F2.8
最小光圈	F22
最近对焦距离（cm）	0.5~1
最大放大倍率	0.2
滤镜尺寸（mm）	77
规格（mm）	89×220
重量（g）	1530

　　尽管这是一只长焦变焦镜头，但由于广角端最近对焦距离可以达到 0.5m，因此可以大胆地接近被摄对象以拍出高质量的影像。

　　由于镜头采用了先进的 VR 防抖功能，因此即便用长焦端手持拍摄或在弱光环境中拍摄，快门速度稍低于安全快门速度，也可以获得清晰的照片。

　　截至目前，这款镜头的价格为 17600 元。

『焦距：200mm ┊光圈：F5.6 ┊快门速度：1/320s ┊感光度：ISO800』

尼克尔 Z 100-400mm F4.5-5.6 VR S

提到长焦镜头，很多人的第一印象是尼克尔 Z 70-200mm f/2.8 VR S 或尼克尔 Z 400mm f/4.5 VR S、尼克尔 Z 800mm f/6.3 VR S，但实际上尼克尔 Z 100-400mm f/4.5-5.6 VR S 也非常好用。

首先，此镜头拍摄场景多样，风光小景、飞鸟、野生动物、人物均能顺利拍摄，尽管是一款长焦变焦镜头，却能在最大广角端实现约 0.75m 的最近对焦距离，所以还可以大胆靠近被摄对象来拍摄花卉和昆虫的特写。

其次，由于镜头采用了尼康的高性能防反射涂层系统——纳米结晶涂层和 ARNEO（抗反射高清）涂层，所以能有效减少由各种方向入射光导致的鬼影和眩光的影响。

最后，镜头具有先进的光学 VR 防抖功能，即使在手持的情况下，使用的快门速度低于安全快门 5.5 挡，也能拍出画面清晰的照片。配合相机内的 VR 防抖，可针对偏航、俯仰、垂直和水平方向的相机抖动，以及视频录制过程中发生的翻滚提供 5 轴减震补偿。截至目前，这款镜头的价格为 20980 元。

镜片结构	20 组 25 片
光圈叶片数	9
最大光圈	F4.5~F5.6
最小光圈	F32~F40
最近对焦距离（cm）	0.75~0.98
最大放大倍率	0.38
滤镜尺寸（mm）	77
规格（mm）	98×222
重量（g）	1435

▼『焦距：150mm｜光圈：F2.8｜快门速度：1/320s｜感光度：ISO200』

广角镜头推荐

尼克尔 Z 20mm F1.8 S

这是一款大光圈广角镜头，其设计的宗旨是使摄影师即便使用广角端拍摄照片，也能够获得柔和的背景虚化效果，以突出被摄对象。但实际上，广角镜头常被用于拍摄场景风光，而风光摄影作品通常需要的不是小景深，而是前后均清晰可见的小景深。

因此，这款镜头所拥有的大光圈，更多地被用于拍摄弱光的摄影题材，如银河、星空及夜景人像。

由于结构方面的特点，此镜头可以有效地补偿彗差，所以在拍摄星空时，即使是画面边缘的小星点，也不会出现明显的畸变。

截至目前，这款镜头的价格为 6980 元。

镜片结构	11 组 14 片
光圈叶片数	7
最大光圈	F1.8
最小光圈	F16
最近对焦距离（cm）	20
最大放大倍率	0.19
滤镜尺寸（mm）	后置型
规格（mm）	84.5×108.5
重量（g）	505

尼克尔 Z 14-24mm F2.8 S

这款镜头也是尼康 Z 卡口大三元镜头之一，在整个变焦范围内，可以以恒定的最大光圈拍摄出画质优秀的照片与视频。这意味着摄影师可以在快门速度不变的情况下，使用更低的 ISO，因此特别适合在弱光条件下，拍摄星空银河。

镜头采用 3 片非球面镜片，即使在最大光圈处，也能有效地控制彗差。镜头中的部分镜片除了有纳米结晶涂层，还采用了抗反射高清（ARNEO）涂层，能有效控制眩光。因此，即使在较强烈的逆光下，也能捕捉到锐利和清晰的影像。

这款镜头上具有能够确认光圈值、拍摄距离与拍摄景深信息的镜头信息面板，因此摄影师无须观察取景器，即可确认各种信息，操作时只需按镜头上的 DISP 按钮，即可切换各种信息。镜头上还创新性地加入了控制环与 L-Fn（镜头功能）按钮。通过相机设置可将改变光圈值与曝光补偿之中的一项操作交由控制环来执行，从而使摄影师在拍摄过程中，只需手动旋转控制环即可修改拍摄参数。

截至目前，这款镜头的价格为 17600 元。

镜片结构	11 组 16 片
光圈叶片数	9
最大光圈	F2.8
最小光圈	F22
最近对焦距离（cm）	28
最大放大倍率	0.13
滤镜尺寸（mm）	77
规格（mm）	88.5×1245
重量（g）	1000

微距镜头推荐

尼克尔 Z 微距 105mm F2.8 VR S 是尼康 Z 系列的第一款 105mm 中长焦微距镜头，与单反相机的 AF-S VR 尼克尔 105mm F2.8G IF-ED 镜头相比，光学性能得到了大幅提升。

在材质方面，通过 1 片非球面镜片和 3 片低色散（ED）镜片，较好地抑制了色差。在制作工艺方面，利用纳米结晶涂层和抗反射高清（ARNEO）涂层，有效地减少了鬼影和眩光。

这只镜头支持 0.29m 的最近对焦距离和 1∶1 的最大放大倍率，而且配备了相当于约 4.5 挡光学减震（VR）功能，所以不仅可以拍摄高精度的静物、微距题材，还能用于风景和人像拍摄。

在设计这款镜头时，设计师考虑了视频录制的应用场景。由于步进马达降低了驱动的声音，并且采用了静音控制环，不仅保证了在录制视频时噪声更小，而且改变光圈时，曝光的变化也更细腻平滑。截至目前，这款镜头的价格为 7349 元。

镜片结构	11 组 16 片
光圈叶片数	9
最大光圈	F2.8
最小光圈	F32
最近对焦距离（cm）	31
最大放大倍率	1
滤镜尺寸（mm）	62
规格（mm）	85×140
重量（g）	630

▼『焦距：105mm ┆光圈：F7.1 ┆快门速度：1/640s ┆感光度：ISO200』

高倍率变焦镜头推荐

尼克尔 Z 24-120mm F4 S 是一款定位于"一镜走天下"的高倍率变焦旅游场景镜头，由于涵盖 24mm 至 120mm 的常用视角，且仅重约 630 克，使其成为可以应用于休闲、旅行、街拍、婚礼、新闻和体育等多种主题和场景的便携镜头。

在材质方面，采用 1 枚非球面低色散（ED）镜片和 3 枚低色散（ED）镜片，有效减轻从近距离至无限远的轴向色差。由于在变焦的过程中可以始终保持 f/4 的最大光圈，因此让摄影师在昏暗的环境下也能专注于拍摄，不必太在意光圈的变化。

在工艺方面，采用对斜向入射光有效的纳米结晶涂层和对垂直入射光有效的 ARNEO（抗反射高清）涂层，所以在逆光下也能减少鬼影和眩光。由于此镜头的最近对焦距离为 0.35m，而且最大放大倍率达到了 0.39 倍，因此可以用于拍摄以花卉和昆虫等为主题的特写镜头。

截至目前，这款镜头的价格为 7999 元。

镜片结构	13 组 16 片
光圈叶片数	9
最大光圈	F4
最小光圈	F22
最近对焦距离（cm）	35
最大放大倍率	0.39
滤镜尺寸（mm）	77
规格（mm）	84×118
重量（g）	630

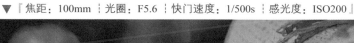

▼『焦距：100mm ┆光圈：F5.6 ┆快门速度：1/500s ┆感光度：ISO200』

选购镜头时的合理搭配

不同焦段的镜头有着不同的作用，如 85mm 焦距镜头被奉为人像摄影的首选镜头；而 50mm 焦距镜头在人文、纪实等领域也有着无可替代的作用。根据被摄对象的不同，可以选择广角、中焦、长焦及微距等多种焦段的镜头。

如果要购买多款镜头以满足不同的拍摄需求，一定要注意焦段的合理搭配。比如，尼康镜皇中"大三元"系列的 3 支镜头，即尼克尔 Z 14-24mm F2.8 S、尼克尔 Z 24-70mm F2.8 S 及尼克尔 Z 70-200mm F2.8 VR S 镜头，覆盖了从广角到长焦最常用的焦段，并且各镜头之间焦距的衔接极为连贯，即使是专业级别的摄影师，也能够满足绝大部分拍摄需求。

广大摄友在选购镜头时，也应该特别注意各镜头间的焦段搭配，尽量避免重合，甚至可以留出一定的"中空"，以避免造成浪费——毕竟好的镜头通常都是很贵的。

14~24mm 焦段	24~70mm 焦段	70~200mm 焦段

Z 14-24mm f/2.8 S	尼克尔 Z 24-70mm f/2.8 S	尼克尔 Z 70-200mm f/2.8 VR S

与镜头相关的常见问题解答

Q：怎么拍出没有畸变与透视感的照片？

A：要想拍出畸变小、透视感不强烈的照片，就不能使用广角镜头进行拍摄，而是选择一个较远的距离，使用长焦镜头拍摄。这是因为在远距离下，长焦镜头可以减少近景与远景间的纵深感以形成压缩效果，因而容易得到畸变小、透视感弱的照片。

Q：使用脚架进行拍摄时是否需要关闭 VR 功能？

A：一般情况下，使用脚架拍摄时需要关闭 VR 功能，这是为了防止防抖功能将脚架的操作误检测为手的抖动。

Q：如何准确理解焦距？

A：镜头的焦距是指对无限远处的被摄体对焦时镜头中心到成像面的距离，一般用长短来描述。焦距变化带来的不同视觉效果主要体现在视角上。

视野宽广的广角镜头，光线进入镜头的入射角度较大，镜头中心到光集结起来的成像面之间的距离较短，对角线视角较大，因此能够拍出场景更广阔的画面。而视野窄的长焦镜头，光的入射角度较小，镜头中心到成像面的距离较长，对角线视角较小，因此适合以特写的角度拍摄远处的景物。

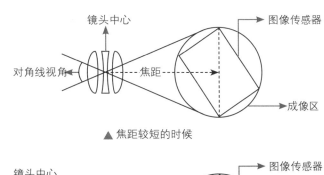

▲ 焦距较短的时候

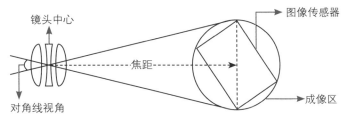

▲ 焦距较长的时候

Q：放大倍率与微距镜头的关系是什么？

A：放大倍率大于或等于1:1的镜头，即为微距镜头。市场上微距镜头的焦距从短到长，各种类型都有，而真正的微距镜头主要是根据其放大倍率来定义的。

放大倍率 = 影像大小：被摄体的实际大小。

比如，放大倍率为1:10，表示被摄体的实际大小是影像大小的10倍，或者说影像大小是被摄体实际大小的1/10。放大倍率为1:1，则表示被摄体的实际大小等于影像大小。

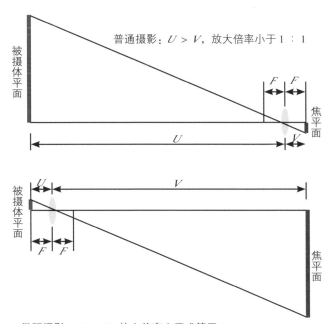

微距摄影：$U < V$，放大倍率大于或等于 1 : 1

U：镜头节点与被摄体平面之间的距离

V：镜头节点与焦平面之间的距离

Q：什么是对焦距离？

A：所谓对焦距离是指从被摄体到成像面（图像传感器）的距离，以相机焦平面标记到被摄体合焦位置的距离为计算基准。

许多摄影爱好者常常将其与镜头前端到被摄体的距离（工作距离）相混淆，其实对焦距离与工作距离是不同的概念。

Q：什么是最近对焦距离？

A：最近对焦距离是指能够对被摄体合焦的最短距离。也就是说，如果被摄体到相机成像面的距离短于该距离，那么就无法完成合焦，即与相机之间的距离小于最近对焦距离的被摄体将会被全部虚化。

在实际拍摄时，拍摄者应根据被摄体的具体情况和拍摄目的来选择合适的镜头。

Q：什么是镜头的最大放大倍率？

A：最大放大倍率是指被摄体在成像面上成像大小与实际大小的比率。如果拥有最大放大倍率为等倍的镜头，就能够在图像感应器上得到和被摄体大小相同的图像。

对数码照片而言，因为可以使用比图像感应器尺寸更大的回放设备（如计算机等）进行浏览，所以成像看起来如同被放大一般，但最大放大倍率还是应该以在成像面上的成像大小为基准。

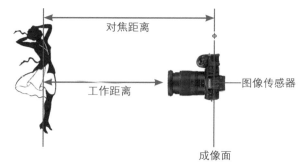

▲ 对焦距离示意图

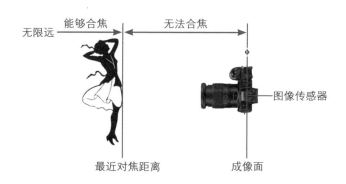

▲ 最近对焦距离示意图

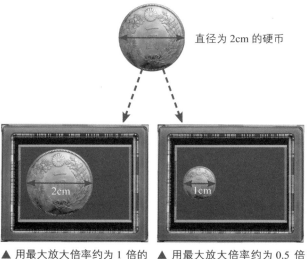

直径为2cm的硬币

▲ 用最大放大倍率约为1倍的镜头将其拍摄到最大，在图像感应器上的成像直径为2cm

▲ 用最大放大倍率约为0.5倍的镜头将其拍摄到最大，在图像感应器上的成像直径为1cm

第6章
选择合适的附件为照片增色

存储卡

　　尼康 Z8 作为全画幅微单相机，配备了两个存储卡插槽，其中卡槽 1 可以使用 CFexpress (B 型) 或 XQD 存储卡，卡槽 2 可以使用 SD、SDHC 和 SDXC 存储卡。在购买时，不建议买一张大容量的存储卡，而是分成两张购买。比如，要购买 128GB 的 XQD 卡，则建议购买两张 64GB 的存储卡，虽然在使用时有换卡的麻烦，但两张卡同时出现故障的概率要远小于 1 张卡。

Q：什么是 XQD 型存储卡？

　　A：XQD 是近几年人们研发出的一种存储卡，是用来取代 CF 存储卡的产品。其具有外观小巧、持久耐用、读写速度快等优点。最新的 XQD 存储卡的读取速度已经达到了 440MB/s，写入速度可达 400MB/s。XQD 存储卡的价格比一般的 SD 卡高不少，而且还需要使用专用的读卡器。

▲ XQD 存储卡

◀ 拍摄野生鸟类时一般都使用连拍模式，使用大容量、读写速度快的 XQD 存储卡，可以更好地满足拍摄。『焦距：400mm ┊光圈：F6.3 ┊快门速度：1/2000s ┊感光度：ISO400』

UV 镜

　　UV 镜也叫"紫外线滤镜"，主要是针对胶片相机设计的，用于防止紫外线对曝光的影响，提高成像质量和影像的清晰度。而现在的数码相机已经不存在这个问题了，但由于其价格低廉，已成为摄影师用来保护数码相机镜头的附件。强烈建议大家在购买镜头的同时购买 UV 镜，以更好地保护镜头不受灰尘、手印及油渍的侵扰。除了尼康 UV 镜，肯高、B+W 等厂商生产的 UV 镜也不错，性价比高。购买时需要核实镜头口径。

▲ B+W UV 镜

偏振镜

什么是偏振镜

　　偏振镜也叫偏光镜或 PL 镜，是一种比较特殊的滤镜，主要用于消除或减少物体表面的反光。由于在使用时需要调整角度，所以偏振镜上有一个接圈，这样在将偏振镜固定在镜头上以后，也能进行旋转。

　　偏振镜分为线偏和圆偏两种，数码相机应选择有"CPL"标志的圆偏振镜。因为在数码微单相机上使用线偏振镜容易影响测光和对焦。

　　在使用偏振镜时，可以旋转其调节环以选择不同的强度，在取景窗中可以看到色彩的变化。需要注意的是，使用偏振镜后会阻碍光线的进入，大约相当于 2 挡光圈的进光量，故在使用偏振镜时，我们需要将快门速度降低为原来 1/4，才能拍摄到与未使用偏振镜时具有相同曝光效果的照片。

▲ 67mm C-PL(W) 偏振镜

用偏振镜压暗蓝天

　　晴朗天空中的散射光是偏振光，利用偏振镜可以减少偏振光，使蓝天变得更蓝、更暗。使用偏振镜拍摄的蓝天，比使用蓝色渐变镜拍摄的蓝天要更加真实。因为使用偏振镜拍摄，既能压暗天空，又不会影响其他景物的色彩还原。

用偏振镜提高色彩饱和度

　　如果拍摄环境中的光线比较杂乱，会对景物的色彩还原有很大的影响。环境光和天空光在物体上形成反光，会使景物颜色看起来并不鲜艳。使用偏振镜进行拍摄，可以消除杂光中的偏振光，减少杂散光对物体色彩还原的影响，从而提高被摄体的色彩饱和度，使景物的颜色显得更加鲜艳。

用偏振镜抑制非金属表面的反光

　　使用偏振镜拍摄的另一个好处就是可以抑制被摄体表面的反光。我们在拍摄水面、玻璃表面时，经常会遇到反光，从而影响画面的表现，使用偏振镜则可以削弱水面、玻璃及其他非金属物体表面的反光。

▲ 使用偏振镜拍摄出来的风光摄影作品天空纯净、色彩饱和度较高。『焦距：24mm ┊ 光圈：F11 ┊ 快门速度：1/2s ┊ 感光度：ISO100』

中灰镜

什么是中灰镜

中灰镜即 ND（Neutral Density）镜，又被称为中灰减光镜、灰滤镜、灰片等。它就像是一块半透明的深色玻璃，将其安装在镜头前面，可以减少进光量，从而降低快门速度。

▲ ND4 中灰镜 (77mm)

中灰镜的级数

中灰镜根据阻挡光线的强弱分为不同的级数，常见的有 ND2、ND4、ND8 三种，可以将镜头进光量减少到原来的 1/2、1/4、1/8，对应的快门速度分别可以降低 1 挡、2 挡和 3 挡。因此，通常根据 ND 后面的数字，即可推算出此 ND 镜的阻光级数。例如，ND64 中灰镜可将镜头进光量减少至原来的 1/64，降低 6 挡快门速度。ND1000 中灰镜可将镜头进光量减少至原来的 1/1000，降低 10 挡快门速度。由此也不难看出，ND 后面的数字与可降低的快门速度挡位间是 2^n 关系，如 ND8 中的 8 是 2^3，所以是降低 3 挡快门速度，2^{10} 是 1024，因此 ND1000 是降低 10 挡快门速度。

中灰镜在人像摄影中的应用

在人像摄影中，经常会使用大光圈来获得小景深虚化效果。但如果是在户外且光线充足的情况下拍摄，大光圈很容易使画面曝光过度，此时就可以尝试使用中灰镜降低进光量来避免曝光过度。

中灰镜在风光摄影中的应用

在光照充分的情况下拍摄溪流或瀑布，想要通过长时间曝光拍出丝线状的水流效果，通常需要使用中灰镜。例如，在晴朗的天气使用 F16 的光圈拍摄瀑布，正常曝光情况下快门速度为 1/16s，但这样的快门速度无法使水流虚化。此时，可以安装 ND4 中灰镜，或者安装两块 ND2 中灰镜，从而降低快门速度 2 挡至 1/4s，即可得到预期的效果。

◀ 在镜头前安装中灰镜以减少进光量来延长曝光时间，得到了水流呈雾状的效果。『焦距：35mm ┊ 光 圈：F16 ┊ 快门速度：1s ┊ 感光度：ISO100』

中灰镜基本使用步骤

在添加中灰镜后，根据减光级数不同，画面亮度会出现一定的变化。此时再进行对焦及曝光参数的调整则会出现诸多问题，拍摄时可以参考下面的基本操作步骤。

（1）使用自动对焦模式进行对焦，在准确合焦后，将对焦模式设为手动对焦。

（2）建议使用光圈优先曝光模式，将ISO设置为100，通过确定光圈来控制景深，并拍摄亮度正常的画面。

（3）将此时的曝光参数记录下来（光圈、快门、感光度）。

（4）将曝光模式设置为M挡，并输入第（3）步已经记录的曝光参数。

（5）安装中灰镜。计算安装中灰镜后的快门速度，并进行设置。快门速度设置完毕后，即可按下快门进行拍摄。

在"中灰镜基本使用步骤"中的第（5）步，需要对安装中灰镜之后的快门速度进行计算，下面介绍两种计算方法。

自行计算安装中灰镜后的快门速度

不同型号的中灰镜可以降低不同挡数的光线。如果降低N挡光线，那么曝光量就会减少为$1/2^N$。为了让照片在安装中灰镜之后与安装中灰镜之前能获得相同的曝光，则在安装中灰镜之后，其快门速度应延长为未安装时的2^N倍。

比如，在安装减光镜之前，使画面亮度正常的曝光时间为1/125s，那么在安装ND64（减光6挡）之后，保持其他曝光参数不动，将快门速度延长为$1/125 \times 2^6 \approx 1/2$秒即可。

▲ Long Exposure Calculator

用 App 计算安装中灰镜后的快门速度

无论在苹果手机的AppStore中，还是在安卓手机的各大应用市场中，均能搜到多款计算安装中灰镜后所用快门速度的App，此处以Long Exposure Calculator为例介绍计算方法。

（1）打开App。

（2）在第一栏中选择所用的中灰镜级数。

（3）在第二栏中选择未安装中灰镜时，让画面曝光正常所需的快门速度。

（4）在最后一栏中，则会显示不改变光圈和快门的情况下，加装中灰镜后，能让画面亮度正常的快门速度。

▲App界面

中灰渐变镜

什么是中灰渐变镜

渐变镜是一种一半透光、一半阻光的滤镜，分为圆形和方形两种，在色彩上也有很多选择，如蓝色、茶色、日落色等。而在所有的渐变镜中，最常用的就是中灰渐变镜——一种中性灰色的渐变镜。

不同形状渐变镜的优缺点

圆形中灰渐变镜是安装在镜头上的，使用起来比较方便，但由于渐变是不可调节的，因此只能拍摄天空约占画面50%的照片；而使用方形中灰渐变镜，需要买一个支架装在镜头前面才可以把滤镜装上，其优点是可以根据构图的需要调整渐变的位置。

▲ 圆形及方形中灰渐变镜

中灰渐变镜的挡位

中灰渐变镜分为GND0.3、GND0.6、GND0.9、GND1.2等不同的挡位，分别代表深色端和透明端的挡位相差为1挡、2挡、3挡及4挡。

硬渐变与软渐变

中灰渐变镜的渐变类型可以分为软渐变（GND）与硬渐变（H-GND）两种。

软渐变镜40%为全透明，中间35%为渐变过渡，顶部的25%颜色最深。当拍摄场景的天空与地面过渡部分不规则，如有山脉或建筑、树木时使用。硬渐变的镜片，一半透明，一半为中灰色，两者之间有少许过渡区域。常用于拍摄海平面或地平面与天空分界线非常明显的场景。

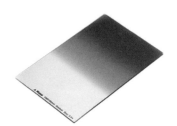

▲ 软渐变镜

如何选择中灰渐变镜挡位

在使用中灰渐变镜拍摄时，先分别对画面亮处（即需要使用中灰渐变镜深色端覆盖的区域）和要保留细节处测光（即渐变镜透明端覆盖的区域），计算出这两个区域的曝光相差等级。如果两者相差1挡，那么就选择0.3的镜片，如果两者相差2挡，那么就选择0.6的镜片，以此类推。

▲ 硬渐变镜

如何搭配选购中灰渐变镜

如果购买 1 片，建议选 GND 0.6 或 GND0.9。

如果购买 2 片，建议选 GND0.6 与 GND0.9 两片组合，可以通过组合使用覆盖 2~5 挡曝光。

如果购买 3 片，可选择软 GND0.6+ 软 GND0.9+ 硬 GND0.9。

如果购买 4 片，建议选择 GND0.6+ 软 GND0.9+ 硬 GND0.9+GND0.9 反向渐变，硬边中灰渐变镜用于海边拍摄，反向渐变用于日出和日落拍摄。

使用中灰渐变镜改善大光比场景

在天空与地面或水面光比过大的情况下，中灰渐变镜几乎是唯一可确保较亮的天空与较暗的地面、水面曝光正常的滤镜。

在没有使用中灰渐变镜的情况下，如果希望天空曝光正常，则较暗的地面势必会成为一片无细节的黑色。如果要确保较暗的地面部分曝光正常，则较亮的天空势必成为一片无细节的白色。

此时，如果将中灰渐变镜深色端覆盖在天空位置进行拍摄，则由于可以减少较明亮的天空区域进入相机的光线，从而使天空与地面同时得到正常曝光。

◀ 为了保证画面中的云彩获得正常的曝光，并表现出丰富的建筑细节，使用了方形中灰渐变镜对天空进行减光处理。『焦距：20mm ┊光圈：F9 ┊快门速度：1/60s ┊感光度：ISO100』

脚架

脚架的分类

　　根据支脚数量可将脚架分为三脚架与独脚架两种。三脚架稳定性高，独脚架稳定性弱于三脚架，主要起支撑的作用，在使用时需要摄影师控制独脚架的稳定性，由于其体积和重量大约都只有三脚架的1/3，因此携带方便。

　　根据脚架材质的不同，可将脚架分为高强度塑料脚架、合金脚架、钢铁脚架、碳素纤维脚架及火山岩脚架等几种类型。其中，以铝合金及碳素纤维材质的脚架最为常见。铝合金脚架的价格较低，但较重，不便于携带；碳素纤维脚架的档次要比铝合金脚架高，便携性、抗震性、稳定性都很好，在经济条件允许的情况下，是非常理想的选择。

▲ 旋钮式三脚架　　　▲ 独脚架

选购脚架的要点

　　不同厂商生产的脚架性能、质量均不尽相同，便宜的脚架价格只有100~200元，而贵的脚架价格可能达到数千元。下面是选购脚架时应该注意的几个要点。

　　•脚管的节数：脚架有3节脚管和4节脚管两种类型，追求稳定性和操作简便的摄影师可选3节脚管的三脚架，而更在意携带方便性的摄影师可选择4节脚管的三脚架。

　　•脚管的粗细：将脚架从最上节到最下节全部拉出后，观察最下节脚管的粗细程度，通常应该选择最下节脚管粗的脚架，以便更好地保持脚架的稳定。

　　•脚架的整体高度：在完全打开脚架并安装相机的情况下，观察相机的取景器高度。如果脚架高度太低，摄影师会由于要经常弯腰而容易疲劳，且拍摄范围也受到局限。注意，在此提到的高度是在不升中轴的情况下测量的。在实际拍摄时，由于中轴的稳定性并不好，因此越少使用越好。

　　•脚管伸缩顺畅度：如果脚架是旋钮式的，要确认一下旋钮要拧到什么程度脚管伸缩才顺畅（旋钮式的优点是没有突出锁件，便于携带与收纳，但操作时间相对较长，而且松紧度不可调节）。如果是扳扣式的，则要看使用多大的力度才能扣紧（扳扣式的优点是操作速度快、松紧度可调，但质量不好的锁件易损）。

▲3节脚管　　　▲4节脚管

▲ 旋钮式

▲ 扳扣式

云台的分类

云台是连接脚架和相机的配件，用于调节拍摄方向和角度。在购买脚架时，通常会有一个配套的云台。当它不能满足我们的需要时，可以更换更好的云台。当然，前提是脚架仍能满足我们的需要。

球形云台

球形云台也称为万向云台，通过一个旋杆来控制作为活动主体的一个（或两个）球体的活动和紧固。球形云台的优点是松开云台的旋钮后，可以在任意方向自由活动；而锁紧旋钮后，所有方向都会被锁紧。操作起来方便、快捷，而且体积较小、容易携带，适合体育运动等需要灵活、快速拍摄的题材。

▲ 球形云台

三维云台

三维云台的特点是能够承受较大的重量，在水平、仰视、俯视和竖拍时都非常稳定，每个拍摄定位都能牢固锁定。除此之外，三维云台还便于精细调节、精确构图，把手式的设计可使操作变得非常顺畅。

不足之处就是调整较为复杂，有时需调节3个部位才能定位。

▲ 三维云台

悬臂云台

作为专门为支撑长焦镜头设计的悬臂云台，不仅承受力大，而且也比传统球形云台更加稳定，调整也更加快速，还能够实现对镜头进行全方位、无死角调整，相机可以竖接或平接。

▲ 悬臂云台

闪光灯

尼康 Z8 没有内置闪光灯，需要另购闪光灯来满足室内外弱光人像、夜景人像、酒吧个性人像等拍摄题材的光照需求。

在通常情况下，闪光灯的最高闪光速度可以达到1/200s或1/250s，当在弱光的室内拍摄人像作品时，足够用来对人物面部补光，而不会因快门速度过低造成画面模糊。

如果是在城市街道或者酒吧拍摄，还可以将闪光模式设置成前帘同步或后帘同步模式，配合较慢的快门速度，如1/8s、1/2s。在人物得到准确曝光的同时，由于相机的快门速度被设置得较慢，从而使画面中的背景也得到合适的曝光。如果人物或背景有移动的物体，那么拍摄出来的画面十分具有动感效果。

常用的闪光模式为慢同步（即前帘同步）和后帘同步闪光，以这两种模式拍摄的效果略有不同。

在慢同步（即前帘同步）闪光模式下，被拍摄对象运动的轨迹会留在前面，而在后帘同步闪光模式下，运动所形成的轨迹会留在后面。

▶ 使用闪光灯后帘同步功能拍摄的夜景人像

50mm F2.8 1/10s ISO160

50mm F2 1/15s ISO100

第7章
拍摄视频需要准备的硬件

视频拍摄稳定设备

手持式稳定器

在手持相机的情况下拍摄视频，往往会出现明显的抖动。这时就需要使用可以让画面更稳定的器材，如手持稳定器。

使用稳定器进行操作无须练习，只要选择相应的模式，就可以拍出比较稳定的画面，而且稳定器体积小、重量轻，非常适合业余视频拍摄爱好者使用。

在拍摄过程中，稳定器会不断地自动调整，从而抵消手抖或者在移动时所造成的相机震动。

由于此类稳定器是电动的，所以与手机中的 App 搭配使用，可以实现一键拍摄全景、延时、慢门轨迹等特殊操作。

由于尼康 Z8 相机较重，安装镜头后变得更重，因此购买手持式稳定器时，一定要查看其最大负重参数指标。

小斯坦尼康

斯坦尼康（Steadicam）即摄像机稳定器，由美国人Garrett Brown发明，自20世纪70年代开始逐渐为影视从业人员普遍使用。

这种稳定器属于专业摄像的稳定设备，主要用于手持移动录制。虽然同样可以手持，但它的体积和重量都比较大，适用于专业摄像机，并且是以穿戴式手持设备的形式被设计出来的，对于普通摄影爱好者来说，斯坦尼康显然并不适用。

因此，为了在体积、重量和稳定效果之间找到一个平衡点，小斯坦尼康问世了。

这款稳定设备在大斯坦尼康的基础上，对体积和重量进行了压缩，从而无须穿戴，只需手持即可使用。

由于其具有不错的稳定效果，即便是专业的视频制作工作室，在拍摄一些不是很重要的素材时依旧会使用这款设备。

需要强调的是，无论是大斯坦尼康，还是小斯坦尼康，采用的都是纯物理减震原理，所以摄影师需要一定的练习才能实现良好的减震效果，因此只建议追求专业级摄像的人员使用。

单反肩托架

　　单反肩托架是一种比便携式稳定器更专业的稳定设备。

　　肩托架并没有稳定器那么多的智能化功能，但它结构简单，没有任何电子元件，在各种环境下均可使用，并且只要使用者掌握一定的方法，其稳定性也十分出色。毕竟通过肩部受力，大大降低了手抖和走动过程中造成的画面抖动。

　　不仅仅是单反肩托架，在利用其他稳定器拍摄时，如果使用者掌握一些拍摄技巧，同样可以增强画面的稳定性。

摄像专用三脚架

　　与便携的摄影三脚架相比，摄像专用三脚架为了获得更好的稳定性，牺牲了便携性。

　　一般来讲，摄影三脚架在3个方向上各有一根脚管，也就是三脚管。而摄像专用三脚架在3个方向上至少有9根脚管，再加上底部的脚管连接设计，其稳定性要高于摄影三脚架。脚管数量越多的摄像专用三脚架，其最大高度越高。

　　在云台方面，为了在摄像时能够在单一方向上精确、稳定地转换视角，摄像专用三脚架一般使用带摇杆的三维云台。

滑轨

　　相比稳定器，利用滑轨移动相机录制视频可以获得更稳定、更流畅的镜头表现。利用滑轨进行移镜、推镜等运镜拍摄时，可以呈现出电影级的效果，所以滑轨是更专业的视频录制设备。

　　另外，如果希望在录制延时视频时呈现出一定的运镜效果，配备一个电动滑轨十分有必要。因为电动滑轨可以实现微小的、匀速的持续移动，从而在短距离的移动过程中拍摄多张延时素材，这样通过后期合成，就可以得到连贯、顺畅、带有运镜效果的延时摄影画面。

移动拍摄时保持稳定的技巧

即便使用稳定器，在移动拍摄过程中也不能太过随意，否则画面同样会出现明显的抖动。因此，掌握一些移动拍摄时的小技巧很有必要。

始终维持稳定的拍摄姿势

为保持稳定，在移动拍摄时依旧需要保持正确的拍摄姿势。也就是双手拿稳手机（或稳定器），形成三角形支撑，提高拍摄的稳定性。

憋住一口气

此方法适合短时间移动机位录制视频时使用。因为普通人在移动状态下憋一口气仅能维持十几秒，如果在这段时间内可以完成一个镜头的拍摄，那么此法可行；如果时间不够，切记不要采用此种方法。因为长时间憋气后，势必会急喘几下，从而让画面出现明显抖动。

保持呼吸均匀

如果憋一口气的时间无法完成拍摄，那么就需要在移动录制过程中保持均匀的呼吸。稳定的呼吸可以保证身体不会有明显的起伏，从而提高拍摄的稳定性。

▲ 憋住一口气可以在短时间内拍摄出稳定的画面

屈膝移动减少反作用力

在移动过程中很容易造成画面抖动，其中一个重要原因是迈步时地面给的反作用力会让身体震动一下。但当屈膝移动时，弯曲的膝盖会形成一个缓冲，就好像自行车的减震功能一样，从而避免画面产生明显抖动。

提前确定地面情况

在移动录制时，眼睛肯定是一直盯着手机屏幕的，也就无暇顾及地面情况。为了保证拍摄过程中的安全性和稳定性（被绊倒就绝对拍废了一个镜头），一定要事先观察好路面情况，从而在录制时可以有所调整，不至于让身体摇摇晃晃。

转动身体而不是转动手臂

在调整拍摄方向时，如果直接通过转动手臂进行调整，很容易在转向过程中产生抖动。正确的做法是保持手臂不动，转动身体，调整取景角度，可以让转向过程更平稳。

视频拍摄存储设备

SD 存储卡

尼康Z8相机可使用CFexpress (B型)、XQD、SD、SDHC和SDXC存储卡。

如果只是拍摄照片,则对存储卡的要求不高,目前在售的主流存储卡均可以满足要求。

但如果要使用尼康 Z8 相机录制视频,尤其是使用尼康 Z8 相机录制 4K 视频,则由于在录制 4K 视频过程中,每秒都需要存入大量信息,因此要求存储卡具有较快的写入速度。

推荐使用最大数据传输速度至少为 45MB/s (300x) 的 CFexpress 或 XQD 卡,或者 UHS Speed Class 3 或以上的 SD 卡。

如果录制的是超高清视频,推荐用最大数据传输速度至少为 250MB/s 的 CFexpress 或 XQD 卡,或者 UHS Speed Class 3 或以上的 SD 卡。

如果录制的是"N-RAW 12 位 (NEV)"或"ProRes RAW HQ 12 位 (MOV)"格式的视频,则推荐使用尼康 660 GB MC-CF660G B 型 CFexpress 存储卡或 ProGrade Digital COBALT 系列 CFexpress 存储卡,否则可能会导致录制或播放中断。

▲ CFexpress (B 型) 卡

▲ 高速 XQD 卡

▲ 高速 SD 卡

NAS 网络存储服务器

由于 4K 视频的文件较大,经常进行视频录制的用户往往需要购买多块硬盘进行存储。当需要寻找个别视频时费时费力,在文件管理和访问方面也不方便。而 NAS 网络存储服务器则让大尺寸的 4K 文件也可以 24 小时随时访问,并且同时支持手机和计算机客户端。在建立多个账户并设定权限的情况下,还可以让多人同时使用,并且保证个人隐私,为文件的共享和访问带来了便利。

▲ NAS

目前市场上已经有成熟的服务器产品。例如,西部数据或者群晖都有多种型号的NAS网络存储服务器可供选择,并且操作简单。

视频拍摄采音设备

在室外或不够安静的室内录制视频时,单纯地通过相机自带的麦克风和声音设置往往无法得到满意的采音效果,这时就需要使用外接麦克风来提高视频中的音质。

便携的"小蜜蜂"

无线领夹麦克风也被称为"小蜜蜂"。其优势在于小巧、便携,并且被摄对象可以在不面对镜头,或者在运动过程中进行收音。但缺点是当需要对多人采音时,则需要准备多个发射端,相对来说比较麻烦。

另外,在录制采访视频时,也可以将"小蜜蜂"发射端拿在手里,当作"话筒"使用。

▲ "小蜜蜂"接收端与发射端

枪式指向性麦克风

枪式指向性麦克风通常安装在尼康相机的热靴上进行固定。因此在录制一些需要被摄对象面对镜头说话的视频,如讲解类、采访类视频时,可以着重采集话筒前方的语音,避免周围环境带来的噪声。

在使用枪式麦克风时,无须在身上佩戴,可以让被摄者的仪表更自然、美观。

▲ 枪式指向性麦克风

记得为麦克风戴上防风罩

为避免在户外录制视频时出现风噪声,建议为麦克风戴上防风罩。防风罩分为毛套防风罩和海绵防风罩两种,海绵防风罩也被称为防喷罩。

一般来说,户外拍摄建议使用毛套防风罩,其效果比海绵防风罩更好。

▲ 毛套防风罩

而在室内录制时,使用海绵防风罩即可,不仅能起到去除杂音的作用,还可以防止唾液喷入麦克风,这也是海绵防风罩被称为防喷罩的原因。

▲ 海绵防风罩

视频拍摄灯光设备

在室内录制视频时，如果利用自然光来照明，若录制时间稍长，光线就会发生变化。例如，下午2时至5时这3个小时内，光线的强度和色温都在不断变化，导致画面出现由亮到暗、由色彩正常到色彩偏暖的变化，从而很难拍出画面影调、色彩一致的视频。如果采用一般的室内灯光进行拍摄，灯光亮度又不够，打光效果也无法控制。所以，要想录制出效果更好的视频，一些比较专业的室内拍摄灯光设备是必不可少的。

简单实用的平板 LED 灯

一般来讲，在拍摄视频时往往需要比较柔和的灯光，让画面中不会出现明显的阴影，并且呈现柔和的明暗过渡。而平板LED灯在不增加任何其他配件的情况下，本身就能通过大面积的灯珠打出比较柔和的光源。

当然，也可以为平板LED灯增加色片、柔光板等配件，让光质和光源色产生变化。

▲平板 LED 灯罩

更多可能的 COB 影视灯

COB影视灯的形状与影室闪光灯非常像，并且同样带有灯罩卡口，从而让影室闪光灯可用的配件在COB影视灯上均可使用，让灯光更可控。

常用的配件有雷达罩、柔光箱、标准罩、束光筒等，方便COB影视灯打出或柔和、或硬朗的光线。丰富的配件和光效是更多人选择COB影视灯的原因。有时人们也会将COB影视灯作为主灯，将平板LED灯作为辅助灯进行组合打光。

▲ 有柔光罩的 COB 灯

Q：COB是什么意思？

A：COB全称chip On board，是指将LED芯片直接贴在高反光率的镜面金属基板上的高光效集成面光源技术。与荧光灯相比，大功率COB灯具的显色指数高，大多在80左右，这样有利于降低人眼的疲劳程度，对保护视力有很大的帮助。

短视频博主最爱的 LED 环形灯

如果不了解如何布光，或者不希望在布光上花费太多时间，只需在被摄者面前放一盏LED环形灯，就可以均匀地打亮面部并形成圆环形眼神光。当然，LED环形灯也可以配合其他灯光使用，让人物面部的光影更均匀。

▲ 环形灯

简单实用的三点布光法

三点布光法是短视频、微电影的常用布光方法。"三点"分别为位于主体侧前方的主光，以及位于主光另一侧的辅光和侧逆位的轮廓光。

这种布光方法既可以打亮主体，将主体与背景分离，还能够营造出一定的层次感和造型感。

一般情况下，主光的光质相对辅光要硬一些，从而让主体形成一定的阴影，增加影调的层次。还可以使用标准罩或蜂巢来营造硬光，也可以通过相对较远的灯位来增强光线的方向性，正因如此，在三点布光法中，主光与主体之间的距离往往比辅光远一些。辅光作为补充光线，其强度应该比主光弱，主要用来打造较为平缓的明暗对比。

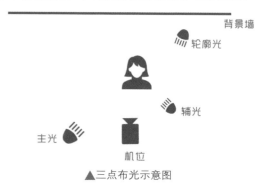

▲三点布光示意图

在三点布光法中，也可以不要轮廓光，而用背景光来代替，从而降低人物与背景的对比，让画面整体更明亮，影调也更自然。如果想为背景光加上不同颜色的色片，还可以通过色彩营造独特的画面氛围。

视频拍摄外采设备

视频拍摄外采设备也被称为监视器、记录仪、录机等，它的作用主要有两点：一是提升相机所拍画面的画质，拍摄出更高质量的视频；二是可以当作一个监视器，代替相机上的小屏幕，方便使用者在录制过程中进行更细致的观察。

▲录机

由于监视器的亮度更高，所以即便在户外的强光下，也可以清晰地看到录制效果。并且对于相机自带的屏幕而言，监视器屏幕更大，也更容易对画面的细节进行观察。

对于外采设备的选择，推荐选用 NINJA V ATOMOS 监视器，其尺寸小巧，功能强大。

利用外接电源进行长时间录制

在进行持续的长时间视频录制时，一块电池的电量很可能不够用。而如果更换电池，则会导致拍摄中断。为了解决这个问题，在拍摄时可以使用外接电源接入相机进行连续录制。由于外接电源可以使用充电宝进行供电，因此只需购买一块大容量的充电宝，就可以大大延长视频录制时间。

另外，如果在室内固定机位进行录制，还可以选择直接连接插座的外接电源进行供电，从而完全避免相机在长时间拍摄过程中出现电量不足的问题。

▲ 可以直连插座的外接电源

▲ 可以连接移动电源的外接电源

通过提词器让视频录制更流畅

提词器是通过一个高亮度的显示器显示文稿内容，并将显示器显示的内容反射到相机镜头前一块呈45°角放置的专用镀膜玻璃上，把台词反射出来的设备。它可以让演讲者在看演讲词时，依旧保持很自然地对着镜头说话的状态。

由于提词器需要经过镜面反射，所以除了硬件设备，还需要使用软件将正常的文字进行方向上的变换，从而在提词器上显示出正常的文稿。

通过提词器软件，字体的大小、颜色及文字滚动速度均可以按照演讲人的需求而改变。值得一提的是，如果是一个团队进行视频录制，可以派专人控制提词器，从而确保提词速度可以根据演讲人语速的变化而变化。

如果更看中便携性，也可以把手机当作简易提词器。

在使用这种提词器配合微单相机拍摄时，要注意支架的稳定性，必要时需要在支架前方进行配重。以免由于相机太重，支架又比较单薄而导致设备损坏。

▲ 专业提词器

▲ 简易提词器

理解视频拍摄中各参数的含义

理解视频分辨率并进行合理设置

视频分辨率是指每一个画面中所显示的像素数量，通常用水平像素数量与垂直像素数量的乘积或垂直像素数量表示。视频分辨率数值越大，画面越精细，画质就越好。

新款的尼康Z8微单相机在视频功能上有所升级，可以录制8K 60P视频，可将视频保存为画质更高的MOV格式或在网络上更流行的MP4格式。

需要注意的是，要想享受高分辨率带来的精细画质，除了需要设置相机录制高分辨率的视频，还需要观看视频的设备具有该分辨率画面的播放能力。例如，用尼康Z8微单相机录制了一段8K（分辨率为8256×4644）视频，但观看这段视频的电视、平板或手机只支持全高清（分辨率为1920×1080）播放，那么观看视频的画质就只能达到全高清，达不到8K水平。

因此，建议在拍摄视频之前先确定输出端的分辨率上限，然后再确定相机视频的分辨率设置，从而避免做无用功。

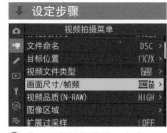

❶ 进入**视频拍摄菜单**，点击**画面尺寸/帧频**选项

❷点击选择所需的分辨率选项

设置视频文件格式

在录制视频时，根据需要可以将视频保存为文件尺寸较大，但接近于无损的 MOV 文件，也可以保存为文件尺寸较小，但压缩率较高的 MP4 格式。前者更适合深度后期调色或特效处理，后者更适合直出或简单调色，因此网络上绝大多数视频均为 MP4 格式。另外，当将视频保存为 MOV 格式的文件时，音频将使用完全非压缩的线性 PCM 格式，当将视频保存为 MP4 格式的文件时，音频用的是有压缩的 AAC 格式。

Q：什么是标清、全高清、4K视频与8K视频？

A：标清是指物理分辨率在720P（1280×720）以下的一种视频格式。全高清（FULL HD）是指物理分辨率达到1920×1080 的视频。4K分辨率分为两种，一种是针对高清电视使用的QFHD标准，分辨率为3840× 2160，是全高清的4倍；还有一种是针对数字电影使用的DCI 4K标准，分辨率为4096×2160。8K是比4K更高的分辨率标准，分辨率为7680×4320，或水平分辨率非常接近8000。

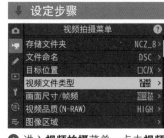

❶ 进入**视频拍摄**菜单，点击**视频文件类型**选项

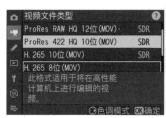

❷点击选择需要的选项

理解帧频并进行合理设置

无论选择哪种视频制式，均有多种帧频可供选择。帧频（fps）是指视频中每秒展示出来的画面数，在相机中以单位 P 表示。例如，一般电影以每秒 24 张画面的速度播放，也就是一秒内在屏幕上连续显示 24 张静止的画面，其帧频为 24P。由于视觉暂留效应，使观众感觉电影中的人像是动态的。

很显然，每秒显示的画面数越多，视觉动态效果就越流畅；反之，如果画面数少，观看时就有卡顿感。因此，在录制景物高速运动的视频时，建议设置为较高的帧频，从而尽量让每一个动作都更清晰、流畅；而在录制访谈、会议等类型的视频时，使用较低的帧频录制即可。

帧频设置与快门速度有紧密联系，关于这一点将在本书第 9 章有详细分析。

▼ 设定步骤

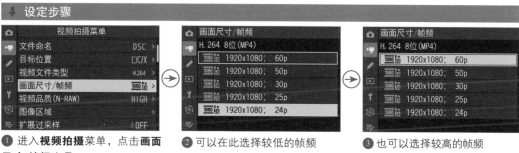

❶ 进入**视频拍摄**菜单，点击**画面尺寸/帧频**选项

❷ 可以在此选择较低的帧频

❸ 也可以选择较高的帧频

理解码率的含义

码率又称比特率，是指每秒传送的比特（bit）数，单位为 bps（Bit Per Second）。

码率越高，每秒传送的数据就越多，画质就越高，观感越清晰，但相应的对存储卡的写入速度要求也越高。

右侧的图表为使用尼康 Z8 微单相机将"视频品质（N-RAW）"菜单设为"高品质"选项时，所录制的 NEV 和 MP4 格式视频的平均比特率。

以 B 站为例，其要求的投稿视频码率最高不超过 24Mbps，平均码率为 6Mkbps。

选项	NEV	MP4
（FX）8256×4644；60p	约5780Mbps	约56Mbps
（FX）8256×4644；50p	约4810Mbps	
（FX）8256×4644；30p	约2890Mbps	
（FX）8256×4644；25p	约2410Mbps	
（FX）8256×4644；24p	约2310Mbps	
（FX）4128×2322；120p	约3840Mbps	约120Mbps
（FX）4128×2322；100p	约2900Mbps	
（FX）4128×2322；60p	约1740Mbps	约56Mbps
（FX）4128×2322；50p	约1450Mbps	
（FX）4128×2322；30p	约870Mbps	约28Mbps
（FX）4128×2322；25p	约730Mbps	
（FX）4128×2322；24p	约700Mbps	
（DX）5392×3032；60p	约2960Mbps	约56Mbps
（DX）5392×3032；50p	约2470Mbps	
（DX）5392×3032；30p	约1480Mbps	约28Mbps
（DX）5392×3032；25p	约1240Mbps	
（DX）5392×3032；24p	约1190Mbps	
（2.3×）3840×2160；120p	约3020Mbps	约120Mbps
（2.3×）3840×2160；100p	约2510Mbps	

理解色深并明白其意义

色深作为色彩专有名词，在拍摄照片、录制视频，以及购买显示器时都会接触到，如8bit、10bit、12bit等。这个参数表示记录或显示的照片或视频的颜色数量。

理解色深的含义

理解色深要先理解RGB

在理解色深之前，先要理解RGB。RGB即三原色，分别为红（R）、绿（G）、蓝（B）。人们现在从显示器或电视上看到的任何一种色彩，都是将红、绿、蓝这3种色彩进行混合得到的。

但在混合过程中，当红、绿、蓝这3种色彩的深浅不同时，得到的色彩也不同。

假如面前有一个调色盘，里面先放上绿色的颜料，当分别混合深一点的红色和浅一点的红色时，得到的色彩肯定不同。那么，当手中有10种不同深浅的红色和一种绿色时，就能调配出10种色彩。所以颜色的深浅就与呈现的色彩数量产生了关系。

理解灰阶

上文所说的色彩的深浅，用专业的说法其实就是灰阶。不同的灰阶是以亮度作为区分的，比如下左图所示为16个灰阶。

当颜色也具有不同的亮度，也就是具有不同的灰阶时，表现出来的其实就是所谓色彩的深浅不同，如下右图所示。

▲ 16个灰阶

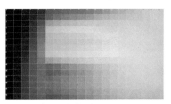

▲ 不同颜色的灰阶

理解色深

做好了铺垫，色深就比较好理解了。首先色深的单位是bit，1bit代表具有两个灰阶，也就是一种颜色具有两种不同的深浅；2bit代表具有4个灰阶，也就是一种颜色具有4种不同的深浅色；3bit代表8个灰阶……

所以Nbit，就代表一种颜色包含2^N种不同深浅的颜色。

若色深为8bit，就可以理解为有2^8，即256种深浅不同的红色、256种深浅不同的绿色和256种深浅不同的蓝色。

这些颜色一共能混合出$256 \times 256 \times 256 = 16777216$种色彩。

	R	G	B	色彩数量
8bit	256	256	256	1678 万
10bit	1024	1024	1024	10.7 亿
12bit	4096	4096	4096	687 亿

理解色深的意义

在后期处理中设置高色深

即便视频或图片最后需要保存为低色深文件，但高色深代表着数量更多、更细腻的色彩，所以在后期处理时，为了对画面色彩进行更精细的调整，建议将色深设置为较高的数值，然后在最终保存时再降低色深。

这种操作方法的优势有两点，一是可以最大化利用相机录制的丰富色彩细节；二是在后期对色彩进行处理时，可以得到更细腻的色彩过渡。

所以，建议各位在后期处理时将色彩空间设置为 ProPhoto RGB，将色彩深度设置为"16位/通道"。然后在导出时保存为色深8位/通道的图片或视频，以尽可能得到更高画质的图片或视频。

▲ 在后期处理软件中设置较高的色深（色彩深度）和色彩空间

有目的地搭建视频录制与显示平台

介绍色深主要是让用户知道从图像采集到解码再到显示，只有均达到同一色深标准才能够让人真正体会到高色深带来的细腻色彩。

目前大部分相机均支持 8bit 色深采集，但个别机型，如尼康 Z8 相机，已经支持机内录制 12bit 色深视频。

以使用尼康 Z8 为例，在进行 12bit 色深视频录制后，为了能够完成更高色深视频的后期处理及显示，就需要提高用来解码的显卡性能，并搭配色深达到 12bit 的显示器，来显示出相机所记录的所有色彩。当从录制到处理再到输出的整个环节均符合 12bit 色深标准后，才能真正享受到色深提升的好处。

▶ 要想体会到高色深的优势，就要搭建符合高色深要求的录制、处理和显示平台。

理解色度采样

相信各位读者一定在尼康Z8相机的视频录制菜单选项中看到了"ProRes 422 HQ"，那么这里的"422"到底是什么含义呢？

简单来说，422是指色度采样，对视频的画质有决定性影响。除此之外，还有420、444等描述方式。

认识 YUV 格式

事实上，无论是 420 还是 422 均为色度采样的简写，其正常写法应该是 YUV4：2：0 和 YUV4：2：2。

YUV 格式也被称为 YCbCr，是为了替代 RGB 格式而存在的，其目的在于兼容黑白电视和彩色电视。因为 Y 表示亮度，U 和 V 表示色差。这样当黑白电视使用该信号时，则只读取 Y 数值，也就是亮度数值；而当彩色电视接收到 YUV 信号时，则可以将其转换为 RGB 信号，再显示颜色。

理解色度采样数值

下面再来讲解 YUV 格式中 3 个数字的含义。

通俗地讲，第一个数字 4，即代表亮度采样的像素数量；第二个数字代表了第一行进行色度采样的像素数量；第三个数字代表了第二行进行色度采样的像素数量。

所以这样算下来，在同一个画面中，422 的采样就比 444 的采样少了 50% 的色度信息，而 420 与 422 相比，又少了 50% 的色度信息。那么有些摄友可能会问："为何不能将所有视频均录制为 4：4：4 色度采样呢？"

主要是因为，经过研究发现，人眼对明暗比对色彩更敏感，所以在保证色彩正常显示的前提下，不需要对每一个像素均进行色度采样，从而降低信息存储的压力。

因此在通常情况下，用 420 采样的拍摄也能获得不错的画面，但是在进行二级调色和抠像时，因为许多像素没有自己的色度值，所以后期处理空间也就相对较小了。

实际上，通过降低色度采样来减少存储压力，或者降低发送视频信号带宽，对于降低视频输出的成本是有利的；但较少的色彩信息对视频后期处理来说是不利的。因此在选择视频录制设备时，应尽量选择色度采样数值较高的设备。

▲ YUV4：4：4 色度采样示例图　　▲ YUV4：2：2 色度采样示例图

第8章
拍视频必学的镜头语言
与分镜头脚本撰写方法

推镜头的 6 大作用

强调主体

推镜头是指镜头从全景或别的大景位由远及近，向被摄对象推进拍摄，最后使景别逐渐变成近景或特写，最常用于强调画面的主体。例如，下面的组图展示了一个通过推镜头强调居中在讲解的女孩的效果。

突出细节

推镜头可以通过放大画面来突出事物的细节或人物的表情、动作，从而使观众得以知晓剧情的重点在哪里，以及人物对当前事件的反应。例如，在早期的很多谈话类节目中，当被摄对象谈到伤心处，摄影师都会推上一个特写，展现含满泪花的眼睛。

引入角色及剧情

推镜头这种景别逐渐变小的运镜方式代入感极强，也常被用于视频的开场，在交代地点、时间、环境等信息后，正式引入主角或主要剧情。许多导演都会把开场的任务交给气势恢宏的推镜头，从大环境逐步过渡到具体的故事场景，如徐克的《龙门飞甲》。

制造悬念

当推镜头作为一组镜头的开始镜头使用时，往往可以制造悬念。例如，一个逐渐推进到角色震惊表情的镜头可以引发观众的好奇心——角色到底看到了什么才会如此震惊？

改变视频的节奏

通过改变推镜头的速度可以影响和调整画面节奏，一个缓慢向前推进的镜头给人一种冷静思考的感觉，而一个快速向前推进的镜头给人一种突然间有所醒悟、有所发现的感觉。

减弱运动感

当以全景表现运动的角色时，速度感是显而易见的。但如果利用推镜头以特写的景别来表现角色，则会由于没有对比而弱化运动感。

拉镜头的 6 大作用

展现主体与环境的关系

拉镜头是指摄影师通过拖动摄影器材或以变焦的方式，将视频画面从近景逐渐变换到中景甚至全景的操作，常用于表现主体与环境关系。例如，下面的拉镜头展现了模特与直播间的关系。

以小见大

例如，先特写面包店脱落的油漆、被打破的玻璃窗，然后逐渐后拉呈现一场灾难后的城市。这个镜头就可以把整个城市的破败与面包店联系起来，有以小见大的作用。

体现主体的孤立、失落感

拉镜头可以将主体孤立起来。比如，一个女人站在站台上，火车载着她唯一的孩子逐渐离去，架在火车上的摄影机逐渐远离女人，就能很好地体现出她的失落感。

引入新的角色

在后拉镜头过程中，可以非常合理地引入新的角色、元素。例如，在一间办公室中，领导正在办公，通过后拉镜头的操作，将旁边整理文件的秘书引入画面，并与领导产生互动。如果空间够大，还可以继续后拉，引入坐在旁边焦急等待的办事群众。

营造反差

在后拉镜头的过程中，由于引入了新的元素，因此可以借助新元素与原始信息营造反差。例如，特写一个身着凉爽服装的女孩，镜头后拉，展现的环境却是冰天雪地。

又如，特写一个正襟危坐、西装革履的主持人，将镜头拉远之后，却发现他穿的是短裤、拖鞋。

营造告别感

拉镜头从视频效果上看是观众在后退，从故事中抽离出去，这种退出感、终止感具有很强的告别意味。因此，如果找不到合适的结束镜头，不妨试一下拉镜头。

摇镜头的 6 大作用

介绍环境

摇镜头是指机位固定，通过旋转摄影器材进行拍摄的运镜方式，分为水平摇拍及垂直摇拍。左右水平摇镜头适合拍摄壮阔的场景，如山脉、沙漠、海洋、草原和战场；上下摇镜头适用于展示人物或建筑的雄伟，也可用于展现峭壁的险峻。

模拟审视观察

摇镜头的视觉效果类似于一个人站在原地不动，通过水平或垂直转动头部，仔细观察所处的环境。摇镜头的重点不是起幅或落幅，而是在整个摇动过程中展现的信息，因此不宜过快。

强调逻辑关联

摇镜头可以暗示两个不同元素间的逻辑关系。例如，当镜头先拍摄角色，再随着角色的目光摇镜头拍摄衣橱，则观众就能明白两者之间的联系。

转场过渡

在一个起幅画面后，利用极快的摇摄使画面中的影像全部虚化，过渡到下一个场景，可以给人一种时空穿梭的感觉。

表现动感

当拍摄运动的对象时，先拍摄其由远到近的动态，再利用摇镜头表现其经过摄影机后由近到远的动态，可以很好地表现运动物体的动态、动势、运动方向和运动轨迹。

组接主观镜头

当前一个镜头表现的是一个人环视四周的场景，下一个镜头就应该用摇镜头表现其观看到的空间，即利用摇镜头表现角色的主观视线。

移镜头的 4 大作用

赋予画面流动感

移镜头是指摄影机在一个水平面上左右或上下移动（在纵深方向移动则为推/拉镜头）进行拍摄的运镜方式，拍摄时摄影机有可能被安装在移动轨上或配滑轮的脚架上，也有可能被安装在升降机上用来进行滑动拍摄。由于采用移镜头方式拍摄时，机位是移动的，所以画面具有一定的流动感，这会让观众感觉仿佛置身于画面中，视频画面更有艺术感染力。

展示环境

移镜头展示环境的作用与摇镜头十分相似，但由于移镜头打破了机位固定的限制，可以随意移动，甚至可以越过遮挡物展示空间的纵深感，因而移镜头表现的空间比摇镜头更有层次，视觉效果更为强烈。最常见的是在旅行过程中，将拍摄器材贴在车窗上拍摄快速后退的外景。

模拟主观视角

以移镜头的形式拍摄的视频画面，可以形成角色的主观视角，展示被摄角色以穿堂入室、翻墙过窗、移动逡巡的形式看到的景物。这样的画面能给观众很强的代入感，使其有身临其境的感受。

在拍摄商品展示、美食类视频时，常用这种运镜方式模拟仔细观察、检视的过程。此时，手持拍摄设备缓慢移动进行拍摄即可。

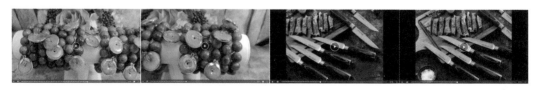

创造更丰富的动感

在具体拍摄时，如果拍摄条件有限，摄影师可能更多地采用简单的水平或垂直移镜拍摄。但如果有更大的团队、更好的器材，可综合使用移镜头、摇镜头及推拉镜头，以创造更丰富的动感视角。

跟镜头的 3 种拍摄方式

跟镜头又称"跟拍"，是跟随被摄对象进行拍摄的运镜方式。跟镜头可连续而详尽地表现角色在行动中的动作和表情，既能突出运动中的主体，又能交代动体的运动方向、速度、体态及其与环境的关系。按摄影机的方位可以分为前跟、后跟（背跟）和侧跟 3 种方式。

前跟常用于采访，即拍摄器材在人物前方，形成"边走边说"的效果。

运动类视频通常采用侧面拍摄，表现人物运动的姿态。

后跟用于追随线索人物游走于一个大场景之中，将一个超大空间里的方方面面——介绍清楚，同时保证时空的完整性。根据剧情，还可以表现角色被追赶、跟踪的效果。

升降镜头的作用

上升镜头是指相机的机位慢慢升起，从而表现被摄体的高大。在影视剧中，也被用来表现悬念；而下降镜头的方向则与之相反。升降镜头的特点在于能够改变镜头和画面的空间，有助于增强戏剧效果。

例如，在电影《一路响叮当》中，使用了升镜头来表现高大的圣诞老人角色。

在电影《盗梦空间》中，使用升镜头表现折叠起来的城市。

需要注意的是，不要将升降镜头与摇镜头混为一谈。比如，机位不动，仅将镜头仰起，此为摇镜头，展现的是拍摄角度的变化，而不是高度的变化。

甩镜头的作用

　　甩镜头是指一个画面拍摄结束后，迅速旋转镜头到另一个方向的运镜方式。由于甩镜头时，画面的运动速度非常快，所以该部分画面内容是模糊不清的，但这正好符合人眼的视觉习惯（与快速转头时的视觉感受一致），所以会给观赏者带来较强的临场感。

　　值得一提的是，甩镜头既可以在同一场景中的两个不同主体间快速转换，模拟人眼的视觉效果；也可以在甩镜头后直接接入另一个场景的画面（通过后期剪辑进行拼接），从而表现同一时间不同空间中并列发生的事情，此法在影视剧制作中经常出现。在电影《爆裂鼓手》中有一段精彩的甩镜头示范，镜头在老师与学生间不断甩动，体现了两者之间的默契与音乐的律动。

环绕镜头的作用

　　将移镜头与摇镜头组合起来，就可以实现一种比较炫酷的运镜方式——环绕镜头。

　　实现环绕镜头最简单的方法，就是将相机安装在稳定器上，然后手持稳定器，在尽量保持相机稳定的前提下绕人物走一圈儿，也可以使用环形滑轨。

　　通过环绕镜头可以 360° 全方位地展现主体，经常用于突出新登场的人物，或者展示景物的精致细节。

　　例如，一个领袖发表演说，摄影机在他们后面做半圆形移动，使领袖保持在画面的中央，这就突出了一个中心人物。在电影《复仇者联盟》中，当多个人员集结时，也使用了这样的镜头来表现集体的力量。

镜头语言之起幅与落幅

无论使用前面讲述的推、拉、摇、移等诸多种运镜方式中的哪一种，在拍摄时这个镜头通常都是由3部分组成的，即起幅、运动过程和落幅。

理解起幅与落幅的含义和作用

起幅是指运动镜头开始的画面，即从固定镜头逐渐转为运动镜头的过程中，拍摄的第一个画面。

为了让运动镜头之间的连接没有跳动感、割裂感，往往需要在运动镜头的结尾处逐渐转为固定镜头，称为落幅。

除了可以让镜头之间的连接更加自然、连贯，起幅和落幅还可以让观赏者在运动镜头中看清画面中的场景。起幅与落幅的时长一般为1秒左右，如果画面信息量比较大，如远景镜头，则可以适当延长时间。

在使用推、拉、摇、移等运镜方式进行拍摄时，都以落幅为重点，落幅画面的视频焦点或重心是整个段落的核心。

如右侧图中上方为起幅，下方为落幅。

起幅与落幅的拍摄要求

由于起幅和落幅是固定镜头，考虑到画面美感，在构图时要严谨。尤其是在拍摄到落幅阶段时，镜头停稳的位置、画面中主体的位置和所包含的景物均要进行精心设计。

如右侧图上方起幅使用V形构图，下方落幅使用水平线构图。

停稳的时间也要恰到好处。过晚进入落幅，则在与下一段起幅衔接时会出现割裂感，而过早进入落幅，又会导致镜头停滞时间过长，让画面显得僵硬、死板。

在镜头开始运动和停止运动的过程中，镜头速度的变化要尽量均匀、平稳，从而让镜头衔接更加自然、顺畅。

空镜头、主观镜头与客观镜头

空镜头的作用

空镜头又称景物镜头，根据镜头所拍摄的内容，可分为写景空镜头和写物空镜头。写景空镜头多为全景、远景，也称为风景镜头；写物空镜头则大多为特写和近景。

空镜头可以渲染气氛，也可以用来借景抒情。

例如，当一档反腐视频节目结束时，旁白是"留给他的将是监狱中的漫漫人生"，画面是监狱高墙及墙上的电网，并且随着背景音乐画面逐渐模糊直到黑场。这个空镜头暗示了节目主人公余生将在高墙内度过，未来的漫漫人生将是灰暗的。

此外，还可以利用空镜头进行时空过渡。

镜头一：中景，小男孩走出家门。

镜头二：全景，森林。

镜头三：近景，树木局部。

镜头四：中景，小男孩在森林中行走。

在这组镜头中，镜头二与镜头三均为空镜头，很好地起到了时空过渡的作用。

客观镜头的作用

客观镜头的视点模拟的是旁观者或导演的视点，对镜头所展示的事情不参与、不判断、不评论，只是让观众有身临其境之感，所以也称为中间镜头。

新闻报道就大量使用了客观镜头，只报道新闻事件的状况、发生的原因和造成的后果，不作任何主观评论，让观众去评判、思考。画面是客观的，内容是客观的，记者的立场也是客观的，从而达到新闻报道客观、公正的目的。例如，下面是一个记录白天鹅栖息地的纪录片截图。

客观镜头的客观性包括两层含义。

● 客观反映对象自身的真实性。

● 对拍摄对象的客观描述。

主观镜头的作用

从摄影的角度来说，主观镜头就是摄影机模拟人的观察视角，视频画面展现人观察到的情景，这样的画面具有较强的代入感，也被称为第一视角画面。

例如，在电影中，当角色通过望远镜观察时，下一个镜头通常都会模拟通过望远镜观看到的景物，这就是典型的第一视角主观镜头。

网络上常见的美食制作讲解、台球技术讲解、骑行风光、跳伞、测评等类型的视频，多数采用主观镜头。在拍摄这样的主观镜头时，多数采用将GoPro等便携式摄像设备固定在拍摄者身上的方式，有时也会采用手持的方式拍摄，因为画面的晃动能更好地模拟一个人的运动感，将观众带入画面情节。

在拍摄剧情类视频时，一个典型的主观镜头，通常是由一组镜头构成的，以告诉观众谁在看、看什么、看到后的反应及如何看。

回答这4个问题可以安排下面这样一组镜头。

一镜是人物的正面镜头，这个镜头要强调看的动作，回答是谁在看。

二镜是人物的主观镜头，这个镜头要强调所看到的内容，回答人物在看什么。

三镜是人物的反应镜头，这个镜头侧重强调看到后的情绪，如震惊、喜悦等。

四镜是带关系的主观镜头，一般将拍摄器材放在人物的后面，以高于肩膀的高度拍摄。这个镜头提示看与被看的关系，体现二者的空间关系。

了解拍摄前必做的分镜头脚本

通俗地说，分镜头脚本就是将一段视频包含的每一个镜头拍什么、怎么拍，先用文字写出来或画出来（有人会利用简笔画表明分镜头脚本的构图方法），也可以理解为拍视频之前的计划书。

对于影视剧的拍摄，分镜头脚本有着严格的绘制要求，是前期拍摄和后期剪辑的重要依据，并且需要经过专业的训练才能完成。但作为普通摄影爱好者，大多数都以拍摄短视频或者 Vlog 为目的，因此只需了解其作用和基本撰写方法即可。

指导前期拍摄

即便是拍摄一条时长仅为 10 秒左右的短视频，通常也需要 3 ~ 4 个镜头来完成。那么 3 个或 4 个镜头计划怎么拍，就是分镜脚本中应该写清楚的内容。这样可以避免到了拍摄场地后现场构思，既浪费时间，又可能因为思考的时间太短，而得不到理想的画面。

值得一提的是，虽然分镜头脚本有指导前期拍摄的作用，但不要被其所束缚。在实地拍摄时，如果有更好的创意，则应该果断采用新方法进行拍摄。

下面展示的是徐克、姜文、张艺谋 3 位导演的分镜头脚本，可以看出来即便是大导演也在遵循严格的拍摄规划流程。

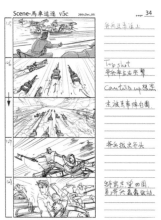 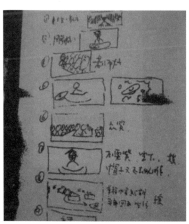 

后期剪辑的依据

根据分镜头脚本拍摄的多个镜头，需要通过后期剪辑合并成一段完整的视频。因此，镜头的排列顺序和镜头转换的节奏都需要以分镜头脚本作为依据。尤其是在拍摄多组备用镜头后，很容易相互混淆，导致不得不花费更多的时间进行整理。

另外，由于拍摄时现场的情况很可能与预期不同，所以前期拍摄未必完全按照分镜头脚本进行。此时就需要懂得变通，抛开分镜头脚本，寻找最合适的方式进行剪辑。

分镜头脚本的撰写方法

掌握了分镜头脚本的撰写方法，也就学会了如何制订短视频或者VLOG的拍摄计划。

一份完善的分镜头脚本应该包含镜头编号、景别、拍摄方法、时长、画面内容、拍摄解说和音乐7部分内容。下面逐一讲解每部分内容的作用。

（1）镜头编号：镜头编号代表各个镜头在视频中出现的顺序。绝大多数情况下，它也是前期拍摄的顺序（因客观原因导致个别镜头无法拍摄时，则会先跳过）。

（2）景别：景别分为全景（远景）、中景、近景和特写，用于确定画面的表现方式。

（3）拍摄方法：针对被摄对象描述镜头运用方式，是分镜头脚本中唯一对拍摄方法的描述。

（4）时间：用来预估该镜头的拍摄时长。

（5）画面：对拍摄的画面内容进行描述。如果画面中有人物，则需要描绘人物的动作、表情和神态等。

（6）解说：对拍摄过程中需要强调的细节进行描述，包括光线、构图及镜头运用的具体方法等。

（7）音乐：确定背景音乐。

提前对上述7部分内容进行思考并确定，整段视频的拍摄方法和后期剪辑的思路、节奏就基本确定了。虽然思考的过程比较费时，但正所谓"磨刀不误砍柴工"，做一份详尽的分镜头脚本，可以让前期拍摄和后期剪辑轻松很多。

撰写分镜头脚本实践

了解了分镜头脚本所包含的内容后，就可以尝试自己进行撰写了。这里以在海边拍摄一段短视频为例，向读者介绍分镜头脚本的撰写方法。

由于分镜头脚本是按不同镜头进行撰写的，所以一般都以表格的形式呈现。但为了便于介绍撰写思路，会先以成段的文字进行讲解，最后通过表格呈现最终的分镜头脚本。

首先，整段视频的背景音乐统一确定为陶喆的《沙滩》，然后再通过分镜头讲解设计思路。

镜头1：人物在沙滩上散步，并在旋转过程中让裙子散开，表现出海边散步的惬意。所以"镜头1"利用远景将沙滩、海水和人物均纳入画面中。为了让人物在画面中显得比较突出，应穿着颜色鲜艳的服装。

镜头2：由于"镜头3"中将出现新的场景，所以将"镜头2"设计为一个空镜头，单独表现"镜头3"中的场地，让镜头彼此之间具有联系，起到承上启下的作用。

镜头3：经过前面两个镜头的铺垫，此时通过在垂直方向上拉镜头的方式，让镜头逐渐远离人物，表现出栈桥的线条感与周围环境的空旷、大气之美。

镜头4：最后一个镜头则需要将画面拉回到视频中的主角——人物身上。同样通过远景来表现，同时兼顾美丽的风景与人物。在构图时要利用好栈桥的线条，形成透视牵引线，增强画面的空间感。

经过上述思考，就可以将分镜头脚本以表格的形式表现出来了，最终的成品参见下表。

▲ 镜头 1

▲ 镜头 2

▲ 镜头 3

▲ 镜头 4

镜号	景别	拍摄方法	时间	画面	解说	音乐
1	远景	以移动机位拍摄人物与沙滩	3 秒	穿着红衣的女子在海边的沙滩上散步	采用稍微俯视的角度，表现沙滩与海水，女子可以摆动起裙子	《沙滩》
2	中景	以摇镜头的方式表现栈桥	2 秒	狭长栈桥的全貌逐渐出现在画面中	摇镜头的最后一个画面，需要栈桥透视线的灭点位于画面中央	同上
3	中景 + 远景	以中景俯拍人物，采用拉镜头的方式，让镜头逐渐远离人物	10 秒	从画面中只有人物与栈桥，再到周围的海水，再到更大的空间	通过长镜头，以及拉镜头的方式，让画面中逐渐出现更多的内容，引起观赏者的兴趣	同上
4	远景	以固定机位拍摄	7 秒	女子在风景优美的栈桥上翩翩起舞	利用栈桥让画面更具空间感。人物站在靠近镜头的位置，使其占据一定的画面比例	同上

第9章
视频拍摄流程及相关功能

拍摄视频短片的基本流程

下面是视频拍摄的基本流程,供用户在拍摄时参考。

❶ 在相机背面的右上方将照片/视频选择器拨动至🎬位置。

❷ 按住MODE按钮并旋转主指令拨盘选择拍摄模式。在A、S及M拍摄模式下,需调整至合适的曝光组合。关于这一步在下面还有详细讲解。

❸ 通过自动或手动的方式对主体进行对焦。

❹ 按下视频录制按钮,即可开始录制视频。

❺ 录制完成后,再次按下视频录制按钮即可结束录制。

虽然整个过程看上去非常简单,但这个过程只能保证录到视频,不能保证录好视频,因此还需要具体学习录制视频时快门、对焦、录音等相参数的设置方法。

❶ 将照片/视频选择器拨动至🎬图标的位置

❷ 选择拍摄模式

❸ 录制视频前,先进行参数设置和对焦操作

❹ 按下视频录制按钮

❺ 将开始录制视频,此时画面左上角显示红色的圆点及红色方框

设置录制视频时的拍摄模式

与拍摄照片一样,拍摄视频也可以采用多种不同的曝光模式,如自动曝光模式、光圈优先曝光模式、快门优先曝光模式和全手动曝光模式等。

如果对曝光要素不太理解,可以直接设置为自动曝光或程序自动曝光模式。

如果希望精确控制画面的亮度,可以将拍摄模式设置为全手动曝光模式。但在这种拍摄模式下,需要摄影师手动控制光圈、快门和感光度3个要素。下面分别讲解这3个要素的设置思路。

● 光圈:如果希望拍摄的视频具有电影效果,可以将光圈设置得稍微大一点,如F2.8、F2等,从而虚化背景获得浅景深效果;反之,如果希望拍出来的视频画面远近都比较清晰,就需要将光圈设置得稍微小一点,如F12、F16等。

● 感光度:在设置感光度的时候,主要考虑的是整个场景的光照条件。如果光照不是很充分,可以将感光度设置得稍微大一点,但此时画面中的噪点会增加;反之,则可以降低感光度,以获得较为优质的画面。

快门速度对视频的影响比较大,下面详细讲解。

理解相机快门速度与视频录制的关系

在曝光三要素中，无论是拍摄照片还是拍摄视频时，光圈、感光度的作用都是一样的，但唯独快门速度对视频录制有着特殊的意义，因此值得详细讲解。

根据帧频确定快门速度

从视频效果来看，大量摄影师总结出来的经验是应该将快门速度设置为帧频 2 倍的倒数。此时录制的视频中运动物体的表现是最符合肉眼观察效果的。

比如，视频的帧频为 25P，那么快门速度应设置为 1/50 秒（25 乘以 2 等于 50，再取倒数，为 1/50）。同理，如果帧频为 50P，则快门速度应设置为 1/100 秒。

但这并不是说，在录制视频时，快门速度只能锁定不变。在一些特殊情况下，当需要利用快门速度调节画面亮度时，在一定范围内进行调整是没有问题的。

拍视频时改变快门速度的 3 种情况

降低快门速度提升画面亮度

当在昏暗的环境下录制视频时，可以适当降低快门速度以保证画面亮度。但需要注意，当降低快门速度时，快门速度也不能低于帧频的倒数。

▲ 在较暗的场景中拍摄可降低快门速度

提高快门速度改善画面流畅度

提高快门速度可以使画面更流畅，但是当快门速度过高时，由于没有运动模糊效果，每一个动作都会被清晰定格，因此也有可能导致画面看起来很不自然，甚至会出现失真的情况。

▲ 缺乏运动模糊的视频画面

提高快门速度以配合使用大光圈

如果在没有 ND 镜的情况下，在阳光强烈的户外拍摄视频，还需要使用较大的光圈以取得较浅的景深，而 ISO 已经降到了最低，此时为了顺利拍摄，可以提高快门速度，以减少进光量。

虽然提高快门速度可能导致画面的动感模糊变少，但至少能够保证拍摄顺利进行，因此也是值得使用的一个措施。

▲ 在阳光强烈的户外拍摄视频

拍摄帧频视频时推荐的快门速度

上面将快门速度对视频的影响进行了理论性讲解，这些理论可以总结成为下面展示的一个比较简单的表格。

帧频	快门速度		
	普通短片拍摄	HLG短片拍摄	
		P、A、B、M模式	S模式
119.9P	1/4000~1/125	—	
100.0P	1/4000~1/100		
59.94P	1/4000~1/60		
50.00P	1/4000~1/50		
29.97P	1/4000~1/30	1/1000~1/60	1/4000~1/60
25.00P		1/1000~1/50	1/4000~1/50
24.00P	1/4000~1/25	—	
23.98P			

视频拍摄状态下的信息显示

在视频拍摄模式下，连续按下 DISP 按钮可以在液晶显示屏中循环显示不同的信息界面。了解界面中不同字母及标志的含义，对于顺利完成拍摄操作有重要意义。

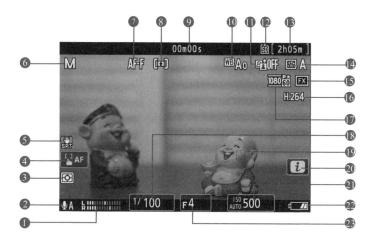

❶ 声音级别

❷ 麦克风灵敏度

❸ 测光模式

❹ 触控拍摄

❺ 减震指示

❻ 拍摄模式

❼ 对焦模式

❽ 对焦区域模式

❾ 所录制视频片段的长度

❿ 白平衡

⓫ 动态D-Lighting

⓬ 目标位置

⓭ 可用录制时间

⓮ 优化校准

⓯ 图像区域

⓰ 视频文件类型

⓱ 画面尺寸和帧频

⓲ 快门速度

⓳ 对焦点

⓴ ℹ 图标

㉑ ISO感光度

㉒ 电池电量

㉓ 光圈值

设置视频尺寸、录音相关参数

设置视频尺寸、帧频

在"画面尺寸/帧频"菜单中可以选择短片的画面尺寸、帧频。当选择不同的画面尺寸拍摄时,所获得的视频清晰度不同,占用的空间也不同。

尼康Z8相机支持录制8K超高清视频,提供60P、50P、30P、25P、24P等5个录制选项,即分别可录制60P、50P、30P、25P、24P的8256×4644尺寸的8K视频。

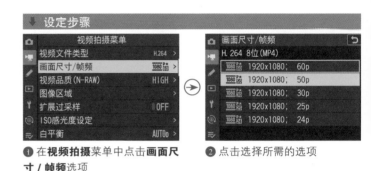

❶ 在视频拍摄菜单中点击画面尺寸/帧频选项

❷ 点击选择所需的选项

电子减震

在视频拍摄模式下,开启"电子减震"功能可以与"减震"菜单中的Sport运动减震模式搭配使用,组成复合VR减震,以获得更明显的减震效果。

● ON:选择此选项,在拍摄视频的过程中,会校正相机抖动以获得清晰的画面,不过拍摄视角将会缩小,并且将略微放大画面。不过此功能在设置为"N-RAW 12 位 (NEV)"或"ProRes RAW HQ 12 位 (MOV)"文件类型时、画面尺寸为7680×4320时、帧频为120P或100P时、开启高分辨率数字变焦时不可用。

● OFF:选择此选项,则关闭"电子减震"功能。

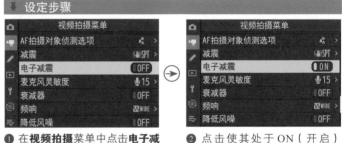

❶ 在视频拍摄菜单中点击电子减震选项

❷ 点击使其处于ON(开启)状态

❶ 在视频拍摄菜单中点击减震选项

❷ 点击 Sport 选项

设置麦克风灵敏度让声音更清晰

使用相机内置麦克风可录制单声道声音。通过将带有立体声微型插头的外接麦克风连接至相机，则可以录制立体声。

● 自动：选择此选项，则相机会自动调整灵敏度。

● 手动：选择此选项，可以手动调节麦克风的灵敏度。

● 麦克风关闭：选择此选项，则关闭麦克风。

设定步骤

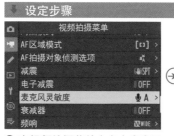

❶ 在**视频拍摄**菜单中点击**麦克风灵敏度**选项

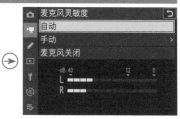

❷ 点击选择**自动**选项，可由相机自动控制麦克风的录音灵敏度

❸ 若在步骤❷中选择**手动**选项，点击▲或▼图标选择麦克风的录音灵敏度，然后点击**OK确定**图标确定

❹ 若在步骤❷中选择**麦克风关闭**选项，则禁止相机在拍摄视频时录制声音

衰减器

开启此选项后，可以在喧闹的环境下录制视频时降低麦克风增益，防止音频失真。

设定步骤

❶ 在**视频拍摄**菜单中点击**衰减器**选项　　❷ 点击使其处于 ON（开启）状态

频响

此菜单用于选择内置和外置麦克风录制声音的频率范围。

选择"宽范围"可以录制更宽范围频率的声音，能录制从音乐到喧嚣街道的任何声音。如果录制人声，则可以选择"音域"选项。

设定步骤

❶ 在**视频拍摄**菜单中点击**频响**选项

❷ 点击选择**宽范围**或**音域**选项

降低风噪

　　开启此选项，可以使相机开启高通滤波器，又称低截止滤波器、低阻滤波器，使相机仅录制高于某一频率的声音，去掉声音信号中不必要的低频成分，从而减少因风吹过麦克风时产生的噪声。当然，此选项同时也会导致声音略微失真。

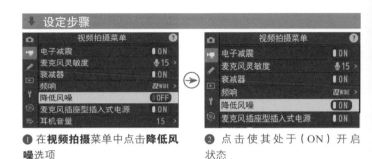

❶ 在**视频拍摄**菜单中点击**降低风噪**选项

❷ 点击使其处于（ON）开启状态

录制慢动作视频

　　除了录制 8K 或 4K 视频，录制慢动作视频也是尼康 Z8 相机的特色，可以用慢动作视频表现某个精彩的瞬间。

　　使用尼康 Z8 相机可以选择 100P 或 120P 录制高帧频视频。如果以 100 帧 / 秒的帧频录制视频，1 秒则可以录制 100 帧画面。所以，当以常规 25 帧 / 秒的速度播放视频时，1 秒内录制的动作则呈现为 4 秒，成为电影中常见的慢动作效果。这种视频效果特别适合表现那些重要的瞬间或高速运动的拍摄题材，如飞溅的浪花、腾空的摩托车、起飞的鸟儿等。

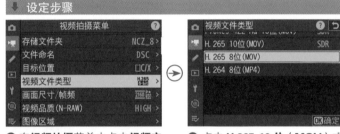

❶ 在**视频拍摄**菜单中点击**视频文件类型**选项

❷ 点击 **H.265 10 位（MOV）**或 **H.265 8 位（MOV）**选项，然后点击 OK确定 图标确定

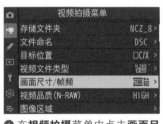 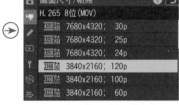

❶ 在**视频拍摄**菜单中点击**画面尺寸 / 帧频**选项

❷ 点击选择所需的慢动作选项

　　注意，仅当"视频文件类型"为"N-RAW 12 位""H265 10 位""H265 8 位"时，可以选择 120P 或 100P 的帧频选项，可以选择的画面尺寸有 4128×2322、3840×2160 和 1920×1080。

设置对焦相关参数

选择对焦模式

在视频拍摄模式下，除了可以使用手动对焦模式，相机还提供了 3 种自动对焦模式，即 AF-S、AF-C 和 AF-F 对焦模式，分别用于拍摄静态或动态的对象。

对焦模式	功　能
AF-S 单次伺服自动对焦	此模式适合拍摄静态的对象，半按快门释放按钮可以锁定对焦
AF-C 连续伺服自动对焦	此模式适合拍摄运动的对象，半按快门释放按钮期间，相机将持续对焦，若拍摄对象移动，相机会自动调整对焦
AF-F 全时伺服自动对焦	此模式是视频专用对焦模式，适合拍摄动态的对象，或者相机在不断地移动、变换取景位置等情况下使用。此时，相机将连续进行自动对焦。半按快门按钮可以锁定当前的对焦位置。也可以使用AF-ON按钮开启或停止自动对焦。此模式与自动对焦速度和自动对焦跟踪灵敏度功能结合使用，可以获得效果更好的视频画面

▶ 操作方法

按 i 按钮，选择对焦模式选项，然后转动主指令拨盘，选择所需的自动对焦模式。还可以按住对焦模式按钮同时旋转主指令拨盘选择所需的对焦模式

◀ 当拍摄上方机位固定的讲座类视频时，可以使用手动对焦或 AF-S 对焦模式。当拍摄下方机位与被拍摄对象均处于移动中的视频时，可以使用 AF-F 对焦模式

跟踪被拍摄对象

在视频拍摄模式下,当将自动对焦区域模式设置为"对象跟踪AF"时,相机可以跟踪对焦被摄对象。将对焦点对准被摄对象,按下 OK 按钮启用"跟踪对焦"功能,对焦点将变为瞄准网格,将瞄准网格置于被摄对象上,按下 OK 按钮、AF-ON 按钮或半按快门按钮将启动跟踪。此时,被摄对象移动或相机移动,只要幅度不太大,均可以使对焦点锁定跟踪在被摄对象身上,若要结束跟踪并选择中央对焦点,按下 OK 按钮即可。

⬇ 设定步骤

❶ 在**视频拍摄**菜单中点击 **AF 区域模式**选项　❷ 点击**对象跟踪 AF** 选项　▲ 设为对象跟踪 AF 模式后的拍摄界面

在录制视频过程中改变焦点

在拍摄视频的过程中,如果需要将焦点从一个对象转换至另一个对象,除了旋转对焦环,还可以尝试使用触控对焦的方式进行操作。

如果要切换至其他被摄对象,在屏幕中轻点该对象即可,如果此对象为人或动物,则相机将对焦并跟踪离所选点最近的脸部或眼部。

当将 AF 区域模式设置为"对象跟踪 AF",并且相机处于跟踪对焦状态时,通过触控对焦,不仅可以将焦点改变至新的对象上,还可以同时对新的对象进行跟踪对焦。

在执行触控操作时,可以根据需要,通过点击液晶屏幕上显示的触控标志切换触控功能,下面一一讲解不同触控标志的含义。

▲ 触控 AF

● 🖐️AF(触控 AF):表示手指触碰屏幕时将改变焦点,手指在屏幕上长按下,可以进行对焦。

● 🖐️(定位对焦点):表示将相机的对焦点改变在手指触碰的位置,但不会进行对焦,所以相当于预先设置了一个对焦点,当有对象出现在此预设对焦点上时,可以拍摄到清晰的影像。

▲ 定位对焦点

● 🖐️OFF(关闭):表示关闭触控功能。

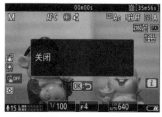

▲ 关闭触控 AF

设置对焦速度

此菜单用于选择视频拍摄模式下的对焦速度，用户可以在"慢速（-5）"和"快速（+5）"之间选择自动对焦速度。当使用较低的数值时，获得对焦的速度就比较慢，画面主体慢慢由虚变实，犹如电影变焦效果，视觉效果比较令人舒适。而当使用较高的数值时，主体对焦速度很快，因此画面的虚实感切换得也较快，有时会显得比较突兀，所以此选项要根据拍摄的内容、表现的情绪与节奏来选择。

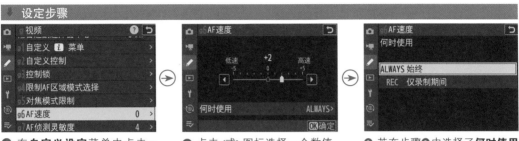

❶ 在**自定义设定**菜单中点击 g 视频中的 **g6 AF 速度**选项

❷ 点击◀或▶图标选择一个数值，然后点击 **OK确定**图标确定

❸ 若在步骤❷中选择了**何时使用**选项，点击选择所需的选项

- -5/0/+5：选择自动对焦时的对焦速度。数值向低速偏移，则对焦速度较慢；数值向高速偏移，则对焦速度较快；数值为 0 则是均衡的速度，是默认设置。

- 何时使用：如果选择"始终"选项，则每当相机切换到视频拍摄模式时，都将以所选数值的对焦速度进行对焦；如果选择"仅录制期间"选项，则仅在视频录制期间，以所选数值的对焦速度进行对焦，在非视频录制期间以"+5"最快速度的速度进行对焦。

设置对焦侦测灵敏度

"AF 侦测灵敏度"用于设置当被摄对象偏离对焦点，或者在被摄对象与相机之间出现障碍对象时，对焦的反应速度。通过此参数的设置使相机"明白"，是忽略新被摄对象继续跟踪对焦被摄对象，还是对新被摄对象进行对焦拍摄。

在此菜单中，可以选择 1（高）至 7（低）之间的值，来改变对焦灵敏度。灵敏度越高，相机便会快速切换对焦到新被摄对象；灵敏度越低，相机则不会对焦到新被摄对象上，而是保持对焦在原被摄对象上。

如果在拍摄视频时，预判被拍摄主体前面会经过车、人、动物等对象，则应该将此数值设置高一些，以避免焦点被快速切换到了无关的车、人、动物的身上。

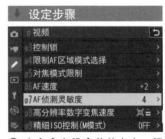

❶ 在**自定义设定**菜单点击 g 视频中的 **g7 AF 侦测灵敏度**选项

❷ 点击◀或▶图标选择一个数值，然后点击 **OK确定**图标确定

高分辨率数字变焦

开启"高分辨率数字变焦"功能后,即使在没有使用变焦镜头的情况下,也可放大画面而不会损失分辨率。

启用此功能后,液晶显示屏会出现一个🔲图标,此时按◀及▶方向键,即可放大或缩放画面,放大或缩小时会通过一个指示条显示变焦倍率,最大可以放大至 2 倍。

需要注意的是,要启用此功能,需要满足以下三个条件:

- 图像区必须是 FX。
- 视频文件类型不可以是 RAW 格式。
- 画面尺寸不可是 8K。

否则,此菜单将呈灰色不可选用的状态。

⬇ 设定步骤

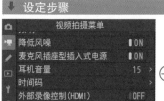

❶ 在**视频拍摄**菜单中点击**高分辨率数字变焦**选项

❷ 点击使其处于 ON(开启)状态

▲ 在进行高分辨率数字变焦时,液晶显示屏上会出现放大指示条

外部录像控制

开启"外部录像控制"功能后,可以使用尼康 Z8 相机控制外部录像机上的开始或停止录制。

若当前未录制任何视频片段,则显示➡STBY,正在录制视频时则显示➡REC。

开启此功能后,还要通过"设定菜单"中的"HDMI"菜单,来设置里面的子选项,如"输出分辨率"等。

⬇ 设定步骤

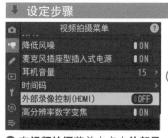

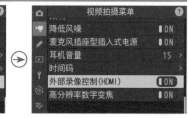

❶ 在**视频拍摄**菜单中点击**外部录像控制(HDMI)**选项

❷ 点击使其处于 ON(开启)状态

❶ 在**设定菜单**点击 HDMI 选项

❷ 点击选择所需的选项进行修改

间隔拍摄

延时摄影又称"定时摄影",即利用相机的"间隔拍摄"功能,每隔一定的时间拍摄一张照片,最终形成一个完整的照片序列。利用这些照片生成的视频能够呈现出电视上经常看到的花朵开放、城市变迁、风起云涌的效果。

例如,花蕾的开放约需 3 天 3 夜共 72 小时,但如果每半小时拍摄一个画面,顺序记录其开花的过程,即可拍摄 144 张照片,当用这些照片生成视频并以正常帧频放映时(每秒 24 幅),在 6 秒钟之内即可重现花朵 3 天 3 夜的开放过程,能够给人强烈的视觉震撼。

在间隔拍摄的过程中,随时可以按 OK 按钮终止拍摄。

做延时摄影要注意以下几点。

● 一定要使用三脚架稳定相机,并且关闭"减震"功能进行拍摄,否则在最终生成的视频短片中就会出现明显的跳动画面。

● 使用 M 挡全手动曝光模式,手动设置光圈、快门速度、感光度,以确保所有拍摄出来的系列照片有相同的曝光效果。

● 不能使用自动白平衡,而是需要通过手调色温的方式设置白平衡。

● 将对焦方式切换为手动对焦。

● 将释放模式设置为除 ⟳(自拍)以外的其他模式。

● 设置"开始时间"之前,确认相机的时间和日期是设置正确的。

● 确认相机电池满格,或者使用电源适配器和电源连接线(另购)连接直流电源为相机供电,以确保不会因电量不足而使拍摄中断。

● 开始间隔拍摄之前,最好以当前设定参数试拍一张照片查看效果。

 设定步骤

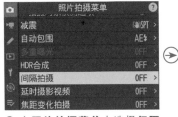

❶ 在**照片拍摄菜单**中选择**间隔拍摄**选项

❷ 点击选择**选择开始日期 / 时间**选项

❸ 点击选择**立即**或**选择日期 / 时间**选项

❹ 点击选择开始日期 / 时间的数字框,然后点击▲或▼图标选择所需的日期和时间。设置完成后,点击 OK确定 图标确定

❺ 若在步骤❷中选择了**间隔时间**选项,点击选择间隔时间的数字框,然后点击▲或▼图标选择所需的时间。设置完成后,点击 OK确定 图标确定

❻ 若在步骤❷中选择了**间隔 ×拍摄张数 / 间隔**选项,点击选择要修改的数字框,然后点击▲或▼图标选择所需的数值。设置完成后,点击 OK确定 图标确定

 →  →

❼ 若在步骤❷中选择了**曝光平滑**选项，点击使其处于 ON（开启）状态

❽ 若在步骤❷中选择了**间隔优先**选项，点击使其处于 ON（开启）状态

❾ 若在步骤❷中选择**在每次拍摄之前对焦**选项，点击使其处于 ON（开启）状态

❿ 若在步骤❷中选择**选项**选项，可以根据需要利用照片生成延时视频

⓫ 点击选择**延时摄影视频**或**关闭**选项

⓬ 若在步骤⓫中选择**延时摄影视频**选项，在此可以设置**视频文件类型**、**画面尺寸 / 帧频**及**目标位置**选项

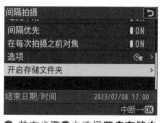  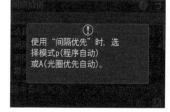

⓭ 若在步骤❷中选择**开启存储文件夹**选项

⓮ 点击勾选**新建文件夹**或**重设文件编号**选项，勾选完后点击 完成图标确认

⓯ 完成设定后，选择**开始**选项，相机会开始拍摄，要中断拍摄可以按 OK 按钮。

● 开始：若将"选择开始日期 / 时间"设为"立即"选项，那么在选择"开始"选项 3 秒后开始间隔拍摄。若在"选择开始日期 / 时间"中设定了日期和时间，那么在选择"开始"选项后，将在所选日期和时间开始间隔拍摄。

● 选择开始日期/时间：若要立即开始间隔拍摄，则选择"立即"选项；若要在所选日期和时间开始拍摄，则选择"选择日期 / 时间"选项，并在下一级界面中设定日期和时间。如果摄影师需要出现在画面中，可以利用此选项给自己留出进入画面摆姿势的时间。

● 间隔时间：用于确定两次拍摄之间的间隔时间，设置为 n 分 n 秒。如果拍摄的对象运动速度快，此处的时间可以设置得短一些；反之，则应该设置得长一些。

● 间隔 × 拍摄张数 / 间隔：选择间隔次数和在每个间隔下的拍摄张数。

● 曝光平滑：选择"ON"选项，可以在除 M 以外的曝光模式下根据上一张照片调整曝光。如果想在 M 模式下使用"曝光平滑"功能，则需要开启"ISO 感光度自动控制"功能。

● 间隔优先：如果使用 P 和 A 挡曝光模式拍摄，可在此选项中设置是优先曝光时间还是优先间隔时间。

选择"ON"选项，可确保画面以所选间隔时间进行拍摄，选择"OFF"选项，则可以确保画面正确曝光，建议在测试曝光正常的情况下，确保间隔优先。

● 在每次拍摄之前对焦：不建议开启此选项，以避免由于对焦失误导致拍摄出来的照片部分失焦，或者景深深浅不一。

● 选项：可以在此选择"延时摄影视频"选项，这样在完成拍摄后相机会自动生成一个视频文件。

● 开启存储文件夹：选择"新建文件夹"选项，可以为每个新的序列新建文件夹；选择"重设文件编号"选项，则可以在新建文件夹时将文件编号重设为 0001。

延时视频

"延时摄影视频"功能与前面所讲的"间隔拍摄"功能基本类似，但不同之处在于，使用此功能可以在拍摄完成后直接生成一段无声的视频短片。

另外，使用此功能的优点在于，可以直观地看到当设置所有参数后，可以录制得到的延时视频时长。

例如，以右侧第 2 步所示界面为例，按此参数录制完成后延时视频时长为 10 分钟 01 秒。

● 开始：开始定时录制。选择此选项后将会在大约 3 秒后开始拍摄，并在选定的拍摄时间内以所选间隔时间持续拍摄。

● 间隔时间：选择两次拍摄之间的间隔时间，时间是设置为 n 分 n 秒。

● 拍摄时间：选择定时动画的总拍摄时间，设置为 n 小时 n 分。

● 曝光平滑：选择"ON"选项，可以在除 M 以外的曝光模式下使用"曝光平滑"过渡功能。如果想

设定步骤

❶ 在**照片拍摄菜单**中点击**延时摄影视频**选项

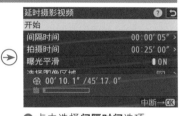

❷ 点击选择**间隔时间**选项

❸ 点击选择间隔的数字框，然后点击▲或▼图标选择所需的间隔时间。设置完成后，点击OK确定图标确定

❹ 如果在步骤❷中选择了**拍摄时间**选项，点击选择时间数字框，然后点击▲或▼图标选择所需的拍摄时间。设置完成后，点击OK确定图标确定

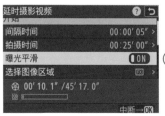

❺ 如果在步骤❷中选择了**曝光平滑**选项，点击使其处于 ON（开启）状态

❻ 如果在步骤❷中选择了**选择图像区域**选项，点击选择 FX 或 DX 选项

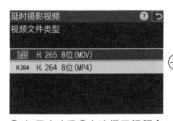

⑦ 如果在步骤❷中选择了**视频文件类型**选项，点击选择所需的选项

⑧ 如果在步骤❷中选择了**画面尺寸/帧频**选项，点击选择所需的选项

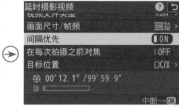

⑨ 如果在步骤❷中选择了**间隔优先**选项，点击使其处于ON（开启）状态

⑩ 如果在步骤❷中选择了**在每次拍摄之前对焦**选项，点击使其处于ON（开启）状态

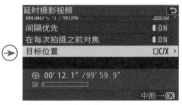

⑪ 如果在步骤❷中选择了**目标位置**选项

⑫ 在此可选择视频文件存储到哪张存储卡。所有选项设定完成后，选择**开始**选项，相机将在3秒后开始拍摄

在M模式下使用"曝光平滑"功能，则需要开启"ISO感光度自动控制"功能。

● 选择图像区域：可以为延时视频选择FX或DX图像区域。

● 视频文件类型：为最终视频选择视频文件类型，可以选择H265 8位（MOV）或H264 8位（MP4）。

● 画面尺寸/帧频：用于确定最终生成的延时视频的画面尺寸和帧频。

● 间隔优先：如果使用P和A挡曝光模式拍摄，可在此选项中设置是优先曝光时间还是优先间隔时间。选择"ON"选项可确保画面以所选间隔时间进行拍摄，选择"OFF"选项则可以确保画面正确曝光。

● 在每次拍摄之前对焦：不建议开启此选项，以避免由于对焦失误导致拍摄出来的照片部分失焦，或者景深深浅不一。

● 目标位置：当相机插有两张存储卡时，在此选择哪个插槽中的存储卡用于录制延时摄影视频。

扩展过采样

扩展过采样即视频超采样，是指使用更高的像素录制视频，再通过压缩，获得更好的视频画质和细节。

例如，4K视频的分辨率是3840×2160，共约830万像素。也就是说，要录制4K视频，只需要约830万个像素参与录制就行了。

但尼康Z8相机的视频画

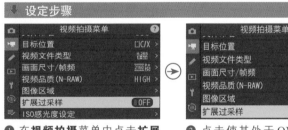

❶ 在**视频拍摄**菜单中点击**扩展过采样**选项

❷ 点击使其处于ON（开启）状态

面尺寸最大可以达到8256×4644，因此，相当于有相当一部分像素没有参与视频录制。

但如果开启了"扩展超采样"选项，则相机可以使用全部像素录制视频，然后在相机内部压缩成为3840×2160分辨率的视频。

拍摄 RAW 格式的视频

了解 RAW 格式视频的特性

　　RAW 意为"原材料"或"未经处理的"，它包含数码相机传感器获取到的照片原始数据，如光圈值、快门速度、感光度、白平衡、优化校准等。更形象地说，RAW 就像一个容器，照片所有的原始数据都装在这个容器中，这些数据均没有经过相机处理，用户可以根据需要对这些数据进行加工处理，从而得到与直出 JPEG 完全不同的照片。

　　RAW 格式的照片具有极高的宽容度，也就是拥有极大的可调整范围，充分利用其高宽容度的特性，通过恰当的后期处理，可以得到更加美观的结果，甚至能够将"废片"处理为"大片"。例如，在亮度方面，RAW 格式可以记录下 + 2~ − 4 甚至更大范围的亮度信息，即使照片存在曝光过度或曝光不足的问题，也可以在此范围内将其整体或局部恢复为曝光正常的状态。

　　例如，下面左图就是一幅典型的在大光比环境下拍摄的 RAW 格式的照片，其亮部有些曝光过度，暗部又有些曝光不足。右图是使用后期处理软件，分别对高光和暗部进行曝光和色彩等方面处理后的结果，可以看出二者存在极大的差异，处理后的照片曝光更加均衡，而且色彩也更为美观。

　　由于视频其实就是连续的照片，因此了解了 RAW 格式照片的特性后，也就了解了 RAW 格式视频的优点。

　　RAW 格式的视频有更大的动态范围、更灵活的色彩处理空间，并且可以在后期应用不同的锐度和降噪类型，而不会受相机厂商的偏好影响。因此，RAW 格式的视频提供了很大的艺术创作自由度，这就是为什么严肃的视频拍摄者均拍摄 RAW 格式视频的原因。

了解 RAW 视频的内录与外录

　　了解 RAW 格式视频的特性后，下面需要解决的就是 RAW 视频的录制方式问题。之所以录制方式会成一个关键问题，是由于 RAW 格式的视频在相机内录制的专利由 RED 公司持有，凡是没有购买相关专利技术的相机厂商均不可以在相机内部录制 RAW 格式的视频。由于佳能购买了相关技术，因此其发布的 R3、R5 等相机均可以内录 RAW 格式的视频。尼康也跟上节奏，新品尼康 Z8 相机支持机内录制高品质的 12 位 N-RAW 或 ProRes RAW HQ 的 RAW 格式视频。

设置 RAW 视频格式

在"视频文件类型"菜单中，选择"N-RAW 12 位（NEV）"或"ProRes RAW HQ 12 位（MOV）"选项，即可将视频录制成 RAW 格式。

选择这两个选项后，在录制视频时，除了录制 RAW 视频，同时还会以 1920×1080尺寸录制一个 H.264 8 位 MP4视频（代理视频），以便在相机上播放。此外，还可以选择 SDR 或 N-Log 色调模式。

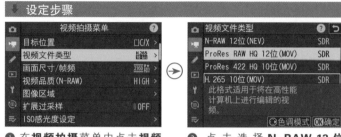

❶ 在**视频拍摄**菜单中点击**视频文件类型**选项

❷ 点击选择 **N-RAW 12 位（NEV）**或 **ProRes RAW HQ 12 位（MOV）**选项，然后点击 **OK确定**图标确认

设置 RAW 视频质量

在"视频品质（N-RAW）"菜单中选择 N-RAW 视频的录制品质，可以选择"高品质"和"标准"两个选项。

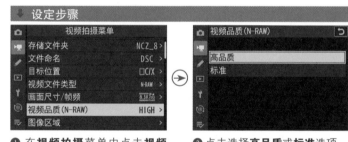

❶ 在**视频拍摄**菜单中点击**视频品质（N-RAW）**选项

❷ 点击选择**高品质**或**标准**选项

第10章

口播、美食、VLOG 等常见
视频类型实战拍摄方法

了解固定机位视频拍摄

顾名思义，固定机位视频拍摄是指在拍摄视频时，无论是使用一台还是多台相机，这些相机的位置均固定不动。

这种拍摄方式对拍摄技术要求不高，如果是在室内，只要设置好相机、灯光，便可以一直使用一组参数长期拍摄不同的内容。因此，如果创作者初期不太懂相机参数设置及灯光布置，可以由有经验的摄影师设置好以后直接使用，并边拍摄边学习。

虽然从操作方式上看以固定机位拍摄视频不太灵活，但实际上，许多在网上爆火的视频都是使用这种方式拍摄的。

使用固定机位拍摄口播视频技术要点

口播类视频的重点是内容，而不是形式。对拍摄场地要求低，对拍摄技术及设备要求也不高，因此许多视频创作者都是从拍摄口播类视频进入视频创作领域的。

无论是使用三脚架还是其他类型的稳定设置，只需要确保相机稳定、灯光明亮，即可开始录制视频。

对于初学者，刚开始录制时，可以参考使用快门速度1/60秒、ISO 100、F4这一组拍摄参数。

根据当前场景的明亮程度有可能需要提高ISO，在光线稍暗的场景下，有时ISO可能会达到1500左右。虽然此时视频画面会有一些噪点，但由于视频画面是动态的，因此，整体观感尚可。

根据背景需要的虚化程度，光圈数值可能会在F1.8至F8之间变化，此时要注意调整ISO数值，以平衡整体曝光。

由于口播视频通常在室内录制，在光线恒定的情况下，白平衡选择自动模式即可。

在对焦设置方面，如果口播者前后晃动幅度不大，在光圈处于F8左右时，可以使用手动对焦。如果光圈较大，且口播者有前后明显晃动或走动，要在视频拍摄状态下开启自动对焦，并选择识别"人物"模式，以确保相机能够实时跟踪主播的面部。

使用固定机位拍摄美食

用固定机位拍摄美食的流程

许多新手在拍摄美食视频时，不知道如何构思整个拍摄流程及镜头。其实，拍摄美食完全可以依据制作美食的三个阶段来规划拍摄流程。

介绍

即介绍视频中要制作的美食的特点及大致制作流程、注意要点。拍摄时将相机架设在厨师的对面，使用广角或远距离，表现整个场景及厨师的面貌特征。

切配

切配，饮食行业称为食材细加工。"切"，就是用各种刀法，把原料加工成烹调需要的各种形态；"配"，就是把加工好的原料，按菜肴需要，搭配在一起。

在表现这个过程时，可以使用长焦镜头或将相机架设在距离菜品切配区较近的位置，以表现操作的细节。

拍摄时要注意更换细微的景别及角度，避免视角过于固定、单调，以丰富视频画面。

除了将相机架设在厨师的对面，还可以将相机架设在厨师身后，以过肩的镜头向下俯视拍摄切配操作，从而模拟第一视角，增强观众在观看视频时的沉浸感与代入感。

在以此角度拍摄视频时，也可以考虑使用运动相机，最后将其与使用尼康相机拍摄的视频剪辑在一起。

烹饪

在这个过程中，厨师要展示翻炒、调味的操作方法，通常使用两种机位进行表现。

第一种仍然是将相机架设的厨师对面或侧面，以长焦特写表现厨师在灶台上的操作。

第二种是将相机架设在灶台外侧，以俯视角度拍摄。但以这种角度拍摄时镜头容易起雾，因此更适合油烟少的西餐。

装盘

起锅装盘这个过程虽然简单，但其实很有仪式感，许多食物在锅里的形态完全谈不上美观，但如果盛在光洁的餐盘中，并以整洁的桌布为背景，整个画面的美感会成倍增加。

用固定机位拍摄美食的灯光要点

在使用相机拍摄美食时，灯光是一个很重要的要素，一定要通过补光或提高原有灯光照度的方式，使制作美食的场景看上去明亮干净，同时更好地还原食材原本的色泽。

如果在拍摄时使用了较大功率的补光灯，建议关闭室内原有的灯光，以避免相机的白平衡还原失误。

如果是家居类美食创作者，可以视拍摄场景的面积使用一支功率为300W左右的补光灯。如果是美食直播间，至少需要3支补光灯，两支在主播四点钟、九点钟方向，一支在顶部。

用固定机位拍摄美食的参数设置

在光线充足的情况下，用相机拍摄美食建议使用以下参数。

如果在一个较小的场景内拍摄，视频画面也较为简单，此时即便设置较大的光圈，视频画面的景深也仍然能够满足展现所有细节，就可以将光圈设置为F4左右，否则可以将光圈设置得小一些，以获得较大的景深。

如果场景较开阔，要获得类似《舌尖上的中国》的浅景深效果，则需要将光圈设置得稍大一些。

感光度要设置在视频画面曝光正常情况下的最低挡位。

快门速度根据帧率进行设置，设置方法与思路在第9章节有详细讲解。

白平衡可以选择自动模式，如果预览视频画面感觉色彩还原不十分准确，可以使用手动设置色温或手动自定义白平衡。

让视频画面更丰富的小技巧

在录制美食视频时，可以拍摄几个水花溅起、葱花散开、油开冒泡、面粉洒落的慢动作片段，从而使视频画面更丰富。

拍摄慢动作视频的操作方法，在本书前文有详细讲解，可参考学习。注意，在拍摄慢动作视频时无法录制声音，因此在后期剪辑时要配音。

用固定机位拍摄美食时的录音要点

在拍摄美食类视频时，录音是一项非常重要的工作。因为在制作美食时，必然会有切菜、油煎等过程，在这个过程中，逼真的声音有助于提高视频的现场感。

拍摄美食视频，通常采用同期录音及后期配音两种方式。

同期录音是指用本书前文所提到的各类录音设备，录制制作美食时的声音，比较常用的是枪式指向性麦克风，这种麦克风有一定的录音距离，可以避免出现在视频画面中，但录制时还是要尽量靠近发声源。如果还需要同期录制人的声音，可以使用无线领夹麦克风。

如果录制的是讲解细致的教学式美食视频，或环境较为嘈杂，可以使用后期配音的方式，先录制视频，在后期制作时添加人声及做菜时的音效。

如果长期拍摄美食视频，建议录制或购买一套专门针对美食领域的音效库。

用固定机位拍摄美食时的特写镜头运用要点

"最高端的食材往往只需要最朴素的烹饪方式"这句知名的文案，由于《舌尖上的中国》的成功而在美食视频制作领域广泛流传。

《舌尖上的中国》之所以成功有多方面的因素，但从摄影及视频制作角度来看，其成功离不开创新的镜头表现手法，其中最典型的就是《舌尖上的中国》里使用了大量高清、特写、浅景深镜头。

这样的镜头放大了食物的质感，凸显了食物本身的色泽质感，刻画出了美食的细节，给人一种强烈的代入感、沉浸感。

这些特写镜头，在早期基本上都是由尼康相机配合大光圈长焦镜头拍摄的。

《舌尖上的中国》给美食视频创作者的启示，不仅是要善于、敢于使用近景、特写、浅景深镜头，最好在视频中形成个性化的镜头语言风格，这样才能够从众多美食视频中脱颖而出。

另外，《舌尖上的中国》的文案及背景音乐，也是值得学习与借鉴的。

用固定机位拍摄多镜头 VLOG 视频

拍摄 VLOG 视频的第一步——定主题

与美食类视频不同，VLOG 视频是一种视频表现形式，并不是主题，因此在拍摄之前一定要确定整条视频的主题。例如，可以是一个网红公园的打卡过程、一个手办的制作过程、一次旅游的过程、一道美食从采购原材料到出锅的过程，甚至可以是一次逛商场的过程。

VLOG 视频对于观众的意义大多属于了解另一种生活方式。例如，城市白领可以通过观看"张同学"的视频了解东北农村的生活原生态，可以通过观看"李子柒"的视频了解如何制作美食，可以通过观看"手工耿"的视频了解如何制作一件"没有用"的"科技发明"。总结起来就是，视频创作者要去做别人一直都想做的事，去过别人一直想过的生活，然后将其记录下来。

VLOG 视频除了主题要鲜明，内容还要有新意，在此基础上再辅以悦耳的背景音乐、流畅的视频节奏或酷炫的运镜才能够让观众有看完的动力。

所以，从制作一条 VLOG 视频的角度来看，可以大体分为主题及脚本策划、拍摄、后期剪辑，在这个过程中，拍摄可能是最简单但却最烦琐的步骤。

拍摄 VLOG 视频的第二步——写脚本

确定拍摄主题后，就要进入脚本写作环节，这个环节对于简单的 VLOG 并不是必需的，但对于新手或要拍摄的是一个时间跨度、地域跨度较大的视频，或有多人参与的视频，则一定要撰写详细的脚本，只有这样，在后期剪辑合成视频时，才不会陷入"巧妇难为无米之炊"的窘境。

关于脚本创作的方法与在本书第 8 章有详细讲解，可以参考学习。

拍摄 VLOG 视频的第三步——找音乐

一个好看的 VLOG 通常都有悦耳并合拍的背景音乐，此时背景音乐的作用不仅仅是提升观赏性，更重要的作用是统合整个视频的节奏。

要明白这一点，只需要看几年在抖音上火爆的卡点短视频即可，当到达音乐卡点位置时，观众的潜在心理是希望画面跟随音乐一起变化的，否则就有一种不协调的感觉。

因此，在确定好主题、写好脚本之后，一定要花一些时间找到几首跟视频主题调性相匹配的背景音乐，具体选择几首取决于视频的长度。

拍摄 VLOG 视频的第四步——拍素材

进入到拍视频素材的阶段后，只需要按脚本安排场景、架设相机进行拍摄即可。

从分镜脚本中可以看出来，在安排好景别、机位的情况下，只要确保视频的曝光正常、对焦准确，就能顺利完成拍摄。

在这个拍摄过程中，运用的还是前面学习过的曝光、对焦、构图、用光等知识。

在拍摄过程中，要注意拍摄一些空镜头，用于充当视频的"留白"，也可以用于充当视频的开场或结束画面。

如果需要，还可以运用前面学习过的延时视频及慢动作视频的拍摄手法，拍摄一些视频素材，从而丰富视频的画面效果。

拍摄视频素材时一定要秉承宁多勿少的原则，多拍素材。

对于重要的场景，一定要试录，并回放视频以检查曝光、收音、焦点、构图等要素。

拍摄 VLOG 视频的第五步——剪辑

这一部分不是本书重点，但对每个创作者来说都格外重要，除非是以团队的形式拍摄视频，否则创作者通常不能指望将自己拍摄的一堆素材，外包给他人剪辑出符合自己期望的视频。

创作新手可从学习剪映开始，对于要求不太高的视频，此软件足以胜任。

使用运动机位拍摄视频技术与难点

什么是运动机位

使用运动机位拍摄视频是指在拍摄视频时，利用稳定器、摇臂或电动滑轨等设备移动相机的视频拍摄方法。换言之，在拍摄视频的过程中，相机始终处于移动过程中。

此时，可以使用本书前面讲过的推、拉、摇、移、甩等多种运镜手法，使视频画面的变化更丰富。

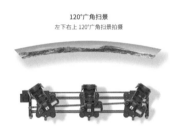

120°广角扫景
左下右上 120°广角扫景拍摄

常用运动机位拍摄的视频

使用运动机位拍摄视频的方法通常应用于以下几种题材。

● 在拍摄探店、房屋介绍、小区介绍等类型的视频时，通常使用稳定器手持相机，采用推或拉的运镜手法，体现空间感。

● 在拍摄旅游风光类视频时，通常会使用摇、移、甩等多种运镜手法让视频转场更酷炫。

● 在拍摄延时视频时，通常使用电动滑轨缓慢地移动相机，从而拍出视角缓慢变化的视频。

● 在拍摄人物纪实、采访类视频时，如果被拍摄的人物处于运动中，要使用稳定器或手持相机，跟随人物同步运动。

使用运动机位拍摄视频的两个难点

稳定性难点

如果拍摄视频时相机发生移动，创作者首先要确保相机的移动是平滑、稳定的。虽然有些相机内置稳定系统，但从使用效果来看，还是建议使用手持稳定器。

即便使用了手持稳定器，在拍摄视频时也要保持重心稳定，小步慢走，否则视频仍然有晃动的感觉。

为了避免画面出现轻微的抖动，有些创作者先以 4K 分辨率来拍摄视频，后期通过裁剪、平移等方法来模拟出镜头移动的感觉，但从效果来看，画面动感不如使用稳定器拍摄出来的更真实。

追焦难点

当以运动机位拍摄视频时，由于相机与被拍摄对象同时处于运动状态，因此对焦的难度会加大。

如果相机的对焦系统不够灵敏、强大，有可能导致被拍摄对象失焦。

　　如果在拍摄过程中相机与被拍摄对象之间有其他对象经过，也有可能导致被拍摄对象失焦。

　　如果拍摄场景的光线比较弱，或者主体与背景之间的对比不明显，也有可能导致相机失焦。

　　拍摄时要注意开启相机在视频拍摄模式下的跟踪对焦功能，并且在拍摄时尽量确保相机与被拍摄对象之间的距离恒定，或者使波动幅度较小，以提高相机跟踪对焦的成功率。

　　除了使用相机的自动跟踪对焦功能，如果对相机操作较为熟练，还可以使用手动对焦的方式来进行跟踪对焦，此时可以采取的方式有两种。

　　第一种是手动旋转相机对焦环来跟踪对焦，适用于拍摄成本不高，被拍摄对象及相机缓慢运动的场景。拍摄时，右手持稳相机，注视相机的液晶显示屏，观察被拍摄对象的焦点变化，左手缓慢旋转相机的对焦环。

　　第二种是给相机添加跟焦环套装，拍摄时要一边观察相机液晶显示屏或监视器，一边旋转跟焦环。这样的附件由于成本高、技术要求高，通常只用在剧组或视频团队中。

拍摄时避免丢失焦点的技巧

　　在拍摄运动的对象时，有时可能无法避免被拍摄对象与相机中间出现遮挡物，此时一定要通过控制"短片伺服自动对焦追踪灵敏度"菜单，以确保焦点不会丢失。

如何拍摄空镜头视频

空镜头的6大作用

空镜头是视频的重要组成部分,在短视频中应用较少,但在中、长视频中应用广泛,概括起来空镜头有以下6大作用。

- 交代时间、地点、环境,如冬季、商场、午后,或者空旷的海边、日出时刻等。
- 过渡转场:利用与主题有关的空镜头可以从一个场景自如地切换到另一个场景,从而串接起两个或多个镜头。

- 给解说词留出时间:对于有旁白的视频,解说词的重要性可能重于视频。当需要长时间解说时,可以用空镜头来留出解说时间。
- 营造气氛、给出隐喻:视频主角难以言表的心情、动作、情绪等,可以借用空镜头来表达。例如,当表现主角悲伤的心情时,可以接入一段拍摄萧瑟凋零树木的空镜头画面;又如,当表现主角愤怒的情绪时,可以接入一段咆哮的海浪画面。

- 省略时间:一个空镜头在视频中只有几秒的时间,但却可以代替生活中更长的时间,如几年、十几年等。例如,前一个镜头是孩子的面孔,组接一个冬去春来的延时摄影空镜头,下一个镜头可以是一张成熟的面孔。
- 调节节奏:在内容量较大的视频中加入空镜头,可以缓解观众的视觉疲劳和听觉疲劳。

常见空镜头拍摄内容及拍摄方法

常见空镜头拍摄内容

实际上,空镜头并不存在固定的拍摄内容,所有可拍的对象,从本质上说均可以被拍摄为空镜头。但对新手创作者来说,可能对空镜头的拍摄内容还是有些迷惑,因此笔者在此总结了当前在网络上比较流行的几种空镜头拍摄内容。

- 拍摄蓝天下的绿叶:拍摄时可以手持相机缓慢移动,可以采用固定机位,可以旋转相机,也可以推或拉镜头。这样的空镜头几乎是"万金油",可以应用在不同类型的视频中。同理,也可以拍摄蓝天下的花朵。
- 拍摄穿过树叶缝隙的阳光:这一题材适合逆光拍摄,使阳光在视频画面中产生光晕。同样的道理,也可以拍摄穿过手指缝隙、云层缝隙的阳光。

●拍摄随风飘动的树叶、花朵：拍摄时可以考虑使用大光圈，以
突出唯美的氛围。

●拍摄车水马龙的街头：拍摄时可以使用延时视频的拍摄手法，
以突出城市的快节奏；也可以使用拍摄慢动作的方法，使
画面中的某一个行人、某辆车缓慢移动，以突出悠闲的情调。

●拍摄建筑：无论是古代建筑还是现代建筑，均可以通过合
适地移动机位配合运镜手法拍成可用度很高的空镜头。拍
摄时，为了增加景深，可在前景找到植物或栏杆形成遮挡
及虚化。

其他如咖啡溶解、信鸽飞翔、学生放学、老人蹒跚、风吹落叶、
屋檐滴水等也都可以拍成空镜头，并根据视频的调性分别应用。

常见的空镜头拍摄方法

拍摄空镜头与拍摄主观镜头、客观镜头在技术上并没有区别，
但在最终效果方面最好都是动感的。

当拍摄静止的对象时，最好采用移动机位或在固定机位使用
可以拍出动感的推、拉、摇、移等运镜手法，从而让画面不显得单调。

当拍摄运动的对象时，可以采用固定机位进行拍摄，或者进
行小范围的移动。

如果拍摄时机位无法移动，并且被拍摄对象也是静止的，可
以尝试利用光影的移动来增强画面的动态效果。

如何拍摄绿幕抠像视频

绿幕视频的作用

如果要将人物与另一个场景进行合成，则需要提前拍摄绿幕背景视频。例如，在拍摄带货视频时，可以先拍摄主播讲解画面，再与工厂视频进行合成，或者将主播讲解画面与一个由 3D 软件渲染生成的场景进行合成，或与计算机界面进行合成。

这也是许多电影常用的合成方式。

拍摄绿幕视频的方法

前期准备

要拍摄绿幕视频，需要在场地、灯光、幕布 3 个方面分别进行准备。

- 场地：主播距离背景幕布最好有 1.5 米的距离，以防止绿色幕布的颜色反射到主播身上。
- 灯光：要分别对主播及幕布打光，当给绿幕背景布光的时候，光线越平越好，这样能够确保幕布颜色均匀，没有高光点或者阴影块，以方便后期抠图，常见的方式是在幕布两侧 45° 的位置各放一盏灯。
- 幕布：根据场地及拍摄时所使用的镜头焦段，以不穿帮、不漏背景为最低尺寸要求，幕布要尽量平整，以避免形成明暗不均的区域。

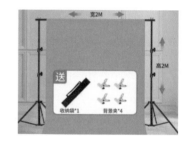

后期合成

完成拍摄后，即可使用剪映及 Premiere、Final Cut 等，能够完成抠图并合成视频的剪辑软件进行处理。

以 Premiere 为例，只需使用"视频效果"功能里的"超级键"即可较完美地完成抠像合成任务，如右图所示。

尼康Z8与Z9相机的区别

一、相机按钮差异

尼康Z9相机在结构上多了竖拍手柄，在按钮方面，相机正面多了竖拍副指令拨盘、竖拍快门释放按钮、竖拍ISO按钮、竖拍Fn按钮、闪光同步端子及安全槽。此外，Fn3功能按钮也位于相机正面。

尼康Z9相机背面多了Fn4功能按钮、竖拍AF-ON按钮、竖拍主指令拨盘、竖拍多重选择器、竖拍i按钮、麦克风、录制语音留言按钮及网络指示。此外，WB按钮、QUAL按钮、扬声器位于相机背面。

尼康Z9相机顶面多了快门释放模式拨盘锁定解除、释放模式拨盘及闪光模式按钮。相机侧面多了一个以太网接口。

二、菜单功能差异

尼康Z9相机在照片拍摄菜单中没有"色调模式""皮肤柔和""调整人像形象""设定优化校准（HLG）"菜单。

尼康Z8相机支持HEIF 10bit文件格式，尼康Z9相机在"图像品质"菜单中没有HEIF精细/标准/基本选项。

尼康Z8相机比Z9相机多了飞机专用的对象识别模式。

尼康Z9相机通过按住QUAL按钮并旋转主指令拨盘可以调整图像品质，旋转副指令拨盘可以调整图像尺寸。

尼康Z9相机选择释放模式的操作是：按住释放模式拨盘锁定解除按钮并旋转释放模式拨盘，使所需的模式与白色标志线对齐。当将释放模式拨盘旋转至口后，可以通过按住口按钮并旋转副指令拨盘，选择每秒幅数为30fps、60fps或120fps的高速画面捕捉模式。

三、菜单位置差异

尼康Z8相机	尼康Z9相机
d11 LCD照明	d12 LCD照明
d15 网格类型	d16 网格类型
d8 查看模式（照片Lv）	d9 查看模式（照片Lv）
d3 预拍选项	d4 预拍选项
b5 微调优化曝光	b6 微调优化曝光
d4 曝光延迟模式	d6 曝光延迟模式（在"C"固件4.00版下）

四、性能指标差异

尼康Z9相机不支持拍摄HEIF格式的照片。

尼康Z8相机卡槽可以安装CFB、XQD、SD存储卡，尼康Z9相机卡槽可以安装CFB和XQD存储卡，因此尼康Z9相机不支持使用SD、SDHC（兼容UHS-Ⅱ）及SDXC（兼容UHS-Ⅱ）存储卡。

尼康Z9相机自动对焦侦测范围为-6.5至+19EV（星光视图自动对焦侦测范围为-8.5至+19EV）。

尼康Z8相机电池续航为275张，尼康Z9相机为700张。

尼康Z8相机比尼康Z9相机轻340克。

获得本书赠品的方法

1. 打开微信，点击"订阅号消息"。

2. 在上方搜索框中输入 FUNPHOTO。

3. 点击"好机友摄影视频拍摄与 AIGC"。

4. 点击绿色"关注公众号"按钮。

5. 点击"发消息"按钮。

6. 点击左下角输入图标。

7. 转换成为输入框状态。

8. 在输入框中输入本书第141页最后一个字，然后点右下角"发送"，注意只输入一个字。

9. 打开公众号自动回复的图文链接，按图文链接操作。

光线摄影

摄影类好书推荐

《摄影构图：轻松拍美照
的 230 个实用技巧》

ISBN 978-7-122-42236-1

《建筑摄影前后期实战
技巧 220 招》

ISBN 978-7-122-41801-2

《鸟类与花卉摄影技巧
大全》

ISBN 978-7-122-41863-0

《大疆无人机摄影航拍
与后期教程》

ISBN 978-7-122-44160-7

视频类好书推荐

《手机短视频拍摄、剪辑
与运营变现从入门到精通》

ISBN 978-7-122-38801-8

《小白玩剪映：超易上
手的视频剪辑、拍摄与
运营手册》

ISBN 978-7-122-39547-4

《短视频创业：文案脚本、
拍摄剪辑、账号运营、
DOU+ 投放、直播带货宝典》

ISBN 978-7-122-41113-6

《短视频运营全流程：
策划、拍摄、制作、引
流从入门到精通》

ISBN 978-7-122-44451-6

AI 类好书推荐

《Midjourney 人工智能 AI
绘画教程：从娱乐到商用》

ISBN 978-7-122-43604-7

《Midjourney AI 绘画教
程：设计与关键词创作
技巧 588 例》

ISBN 978-7-122-44444-8

《人工智能 AI 摄影与
后期修图从小白到高手：
Midjourney+Photoshop》

ISBN 978-7-122-43744-0

《5 小时玩赚 ChatGPT：
AI 应用从入门到精通》

ISBN 978-7-122-44383-0